城市公共空间设计与系统化建设研究

王 宇◎著

吉林科学技术出版社

图书在版编目（CIP）数据

城市公共空间设计与系统化建设研究 / 王宇著. --
长春：吉林科学技术出版社，2022.9
ISBN 978-7-5578-9613-3

Ⅰ. ①城… Ⅱ. ①王… Ⅲ. ①城市空间—公共空间—
空间规划—研究 Ⅳ. ①TU984.11

中国版本图书馆 CIP 数据核字（2022）第 179541 号

城市公共空间设计与系统化建设研究

著	王 宇
出 版 人	宛 霞
责 任 编 辑	郝沛龙
封 面 设 计	金熙腾达
制 版	金熙腾达
幅 面 尺 寸	185mm × 260mm
字 数	179 千字
印 张	8
印 数	1-1500 册
版 次	2022年9月第1版
印 次	2023年4月第1次印刷

出 版　吉林科学技术出版社
发 行　吉林科学技术出版社
地 址　长春市福祉大路5788号
邮 编　130118
发行部电话/传真　0431-81629529 81629530 81629531
　　　　　　　　　　81629532 81629533 81629534
储运部电话　0431-86059116
编辑部电话　0431-81629518
印 刷　三河市嵩川印刷有限公司

书 号　ISBN 978-7-5578-9613-3
定 价　50.00元

前 言

城市不只是由高楼大厦构成的，城市公共空间也不只是城市中建筑之外的剩余空间，它有着更丰富的内涵。城市公共空间不仅赋予了城市独特的性格，而且容纳了丰富的城市生活，承载了城市的历史，为城市居民提供精神寄托和物质产品，对于人类的生存环境具有极为重大的生态学价值。

本书以"城市公共空间设计与系统化建设研究"为选题，在内容编排上共设置六章：第一章阐释城市公共空间的内涵与意义、城市公共空间设计的原理、城市公共空间设计的范畴；第二章是探讨城市公共空间设计——公共设施设计，主要包括公共设施及其设计的原则、公共设施设计的方法及流程、公共设施的无障碍及创新设计；第三章围绕地下空间的基本认知、地下空间的环境及其人文特点、地下空间的形式及其设计要点、克服地下空间心理及机制障碍的设计策略，论述城市公共空间设计——地下空间设计；第四章对城市导识系统的组成及作用、城市导识系统的通用设计理念、城市导识系统设计的构建进行论述；第五章探究城市公共空间系统化建设的影响与要求，主要内容包含城市公共空间系统化建设的影响因素、城市公共空间系统化建设的基本原则、城市公共空间系统化建设的要求与方针——以小城市为例；第六章研究城市公共空间适老化景观建设、城市公共空间适老化环境建设——以重庆为例、城市公共空间适老化步行空间建设。

全书以新颖的理念为特点，内容丰富详尽，结构逻辑清晰，客观实用，从城市公共空间设计基础对读者进行引入，系统性地对城市公共空间设计与系统化建设研究进行解读。

笔者在撰写本书的过程中，得到了许多专家学者的帮助和指导，在此表示诚挚的谢意。由于笔者水平有限，加之时间仓促，书中所涉及的内容难免有疏漏之处，希望各位读者多提宝贵意见，以便笔者进一步修改，使之更加完善。

目 录

第一章 城市公共空间设计基础

第一节 城市公共空间的内涵与意义

一、城市公共空间的内涵

（一）城市公共空间的要点

城市公共空间应具备以下要点：

第一，城市公共空间是一个空间体的概念，具有空间体的形态特征（如围合、界定、比例等），这使其与建筑实体区别开来。

第二，城市公共空间是一个公共场所。"公共性"决定了城市公共空间和市民及市民生活是相联系的，它要为城市中广大阶层的居民提供生活服务和社会交往的公共场所。当然，"公共性"还意味着利益和所有权上的共享，说明它是被法律和社会共识支持的。

第三，城市公共空间是"公共空间"和"城市"这个复杂体联系在一起的产物。这意味着它受城市多种因素的制约，要承载城市活动、执行城市功能、体现城市形象、反映城市问题，等等。

第四，城市公共空间既是物质层面上的载体，又是与人类活动联系的载体，还是城市各种功能要素之间关系的载体。

第五，公共空间具有多重目标和功能。

第六，公共空间同时又是空间资源和其他资源保护运动中的重要对象。

第七，城市公共空间在历史发展中，因城市功能的发展、市民生活内容的变化而变化。

综上所述，城市公共空间是指城市或城市群中，在建筑实体之间存在着的开放空间体，是城市居民进行公共交往活动的开放性场所，为大多数人服务。同时，它又是人类与自然进行物质、能量和信息交流的重要场所，也是城市形象的重要表现之处，被称为城市的"起居室"和"橱窗"。由于担负城市的复杂活动（政治、经济、文化）和多种功能，它是城市生态和城市生活的重要载体。城市公共空间还包含与生态、文化、美学及其他各种与可持续发展的土地使用方式相一致的多种目标。而且，它还是动态发展变化的。

（二）城市公共空间的分类

城市公共空间是城市中面向公众开放使用并进行各种活动的空间，主要包括山林、水系等自然环境，还包括街道、广场、公园、绿地等人工环境，以及建筑内部的公共空间类型。城市公共空间范围很广，具体的分类标准大致如下：

1. 按自然与人工性质分类

按照自然与人工性质，城市公共空间可以分为自然空间环境和人工空间环境。

（1）自然空间环境。包括自然地理景观、河湖水系、山地、林带、绿地等，它们往往构成城市自然特色。

（2）人工空间环境。包括广场、街道、公园、巷弄、庭院、休憩和娱乐设施。它们对城市人文环境气氛的形成很重要。

2. 按功能类别分类

按照公共空间在城市中的功能特征和使用现状，城市公共空间可以分为居住型、工作型、交通型和游憩型四大空间类别。

（1）居住型公共空间。社区中心、绿地、儿童游乐场、老年活动中心，等等。

（2）工作型公共空间。生产型（工业区公园、绿地）、工作型（市政广场、市民中心广场、商务中心午餐广场）。

（3）交通型公共空间。城市入口（车站、码头、机场等）、交通枢纽（立交桥、过街天桥、地道）、道路节点（交通环岛、街心花园）、通行性空间（商业步行街、林荫道、湖滨路）。

（4）游憩型公共空间。休憩和健身、商业娱乐。

3. 按用地性质分类

根据使用功能，城市公共空间分为如下四类：

（1）居住用地。居住区内的公共服务设施用地和户外公共活动场地。

（2）城市公共设施用地。主要是面向社会大众开放的文化、娱乐、商业、金融、体育、文物古迹、行政办公等公共场所。

（3）道路、广场用地。广场、生活性街道、步行交通空间等。

（4）绿地。城市公共绿地、小游园和城市公园等。

4. 按位置和地位分类

根据公共空间在城市总体结构中的位置和地位可以将其分为城市级、地区级、街区级三级公共空间，它们是构成城市公共空间系统网络的一种基本模式。

（1）城市级——如全市性的商业服务和文化娱乐中心、体育中心、城市广场、城市公园绿地等。

（2）地区级——如地区性的商业和文化娱乐设施、广场、公园绿地等。

（3）街区级——居住区公共中心、户外公共活动场地等。

此外，还可以根据用途的不同、所有权和使用权限的不同、使用评价和运行效果和人们的欢迎程度等来划分城市公共空间。

二、城市公共空间的意义

（一）城市公共空间是城市的魅力体现

许多有魅力的城市，不仅因为它们拥有许多优美的建筑，还因为它们拥有许多吸引人的外部空间。例如，意大利的历史名城威尼斯、佛罗伦萨、小城锡耶纳；法国的巴黎；中国的北京、水城苏州、云南丽江古城。公共活动空间在现代的城市环境和生活中也起着极其重要的作用。它为城市健康生活提供了不同于户内私密空间的开放的空间环境，同时，它也是创造宜人都市环境、体现城市风貌的重要场所，是"城市的橱窗"。

（二）城市公共空间是城市的生活舞台

人、社会生活和公共空间三者之间存在着紧密的联系。人是自然和文化世界的主体；社会生活包含着人与人、人与自然界、物质与观念、主观与客观之间的相互关系；而发展至今，城市公共空间成为众多社会生活形式的基础之一。

城市公共空间与市民之间存在着"人造空间，空间塑人"的关系，表现在城市居民对城市及公共空间产生的认同感。城市公共空间与社会生活两者之间有着相互依赖性，前者是后者的容器，后者又是前者的内容。同时，社会活动与城市公共空间之间存在着互动作用。社会生活来源于人的各种需要，它的发展变化，最终导致对旧的空间概念的否定，因而社会生活是影响城市公共空间的活跃因素之一。空间的灵活和多样，也会促使社会生活向更新、更复杂的方向发展。

（三）城市公共空间与城市的发展息息相关

不少城市空间是城市发展的历史积淀，记述着城市的起源、发展中的重大阶段和历史事件。例如，中国古代城市的公共空间发展也曾达到过相当辉煌的水平，空间的形式和内容也一度丰富。唐宋时期的"瓦子"（相当于今天的城市游乐空间和设施）就曾遍布城市。另外，一些地方城市的公共空间发展往往记录着它的历史起源。例如，云南省的丽江古城绕水而建，城市的公共空间也主要通过水系来组织。这是因为，当地纳西族居民的祖先是从青海等地溯水迁徙而来，对水有着一种特殊的感情。

综上所述，城市公共空间对于城市以及生活于其中的人都具有重要意义。所以，营造一套丰富而有序的城市公共空间，是城市现代化发展的需要。

第二节　城市公共空间设计的原理

一、城市公共空间设计的要点

（一）城市公共空间的功能性

功能是一事物在同其他事物相互关系中表现出来的作用和能力。从事物与人的关系方面来讲，功能是事物满足人类需求的能力，事物通过功能表现其价值。公共空间是具有多种功能的空间，它应该满足多主体的复杂需求。

马斯洛的需求理论把人的需求分为五个层次：①生理需求；②安全需求；③爱与归属的需求；④自尊需求；⑤自我实现的需求。为了满足这些需求，人类需要有目的地改变环境，公共空间就是为了满足这些需求而创造的。公共空间设计应该能够提供与各种需求相对应的功能。

1. 城市公共空间应满足生理需求

公共空间设计应该尽可能地保留和利用生态系统服务所能提供的产品生产功能，同时，通过必要的商业空间和基础设施的设计，满足人们各种最基本的生理需求。比如，人们在广场、街道、公园、滨水区等空间活动时，需要有座椅以供休息，需要大树以遮阴，需要屋檐或凉亭等避雨场所，需要小店铺或售货亭提供餐饮，还需要厕所等基础设施以应急需……公共空间设计必须充分考虑到这些最基本的需求，否则，其他更高层次的需求就无从谈起。

2.城市公共空间应满足安全需求

作为一个有机体，人体具有本能的趋利避害、追求安全的机制，人体复杂的感受器官、效应器官和应对外界刺激的条件反射等反应机制，甚至人类创造的物质文明、社会体系、行为交往方式等都与满足安全的需要相联系。

从城市诞生的时候起，它的一个重要功能就是防卫。城市的安全性涉及对外防御，也关乎市民在城市内部空间使用过程中的安全。在应对地震、水灾等其他紧急事件的时候，公共空间如何发挥保障市民人身和财产安全的作用，也是城市设计者应该考虑的问题。

3.城市公共空间应满足爱与归属的需求

爱与归属的需求包括两个方面的内容：一方面是友爱的需要，即人人都需要保持伙伴之间、同事之间融洽的关系，希望得到友谊和忠诚；人人都希望得到爱情，希望爱别人，也渴望被别人爱；另一方面是归属和身份认同的需要，作为社会的人，每个个体都有一种归属于一个群体的需要，他希望成为群体中的一员，相互关心和照顾。爱与归属的需要比生理上的需要更微妙和复杂，它和人的生理状况、经历、教育、信仰等都有关系。

城市公共空间应该能够唤起人们的爱和认同，这种感情基于空间形式的美好，更基于一种场所精神，空间所体现的鲜明地方特色、文化传统、民族风格等性格特征能够让属于特定文化的人得到共鸣。在这样的场所中，人们会体验到自己属于周边的环境，也属于场所中的人群，不但其个体爱的欲望有所寄托，而且，在与其他人的交往中，每个人都不再是孤立无助。为了提供归属感，公共空间设计应该尊重场所精神，并在具体的设计中通过对空间尺度、比例、材料、色彩、细部、装饰等具体设计要素的运用营造这样的场所。

4.城市公共空间应满足尊重的需求

大多数人都希望自己有体面的社会地位，希望个人的能力和成就得到社会的认可。尊重的需要分为内部尊重和外部尊重。内部尊重是指人能保持自尊，对自己充满信心。外部尊重是指人希望获得社会地位，受到他人的尊重和信赖。对尊重的需求使人类社会获得一种强大的激励机制，内在的动力促使人们追求自身价值的实现，也推动着社会的和谐与发展。

人是占有城市公共空间的主体，公共空间的设计应该充分考虑到人们对尊重的需求，处处体现设计的人性化原则。在物质文明高度发达的当代社会，城市公共空间的设计不应该成为权力和金钱狂欢的场所，每一个普通人的人性尊严都应该无差别地得到充分尊重。设计师应该关注空间物质形态的设计，但更重要的是关注人的生理、心理、精神诸层面的需要。

人性化城市公共空间设计有三个原则：①研究人在空间中的行为特征，满足广大市民的需求和爱好；②以"人的尺度"为空间的基本标尺，创造富有亲切感和人情味的空间形象；③突出个性和特色，展现特定地域的文化，营造居民的认同感和归属感。

5.城市公共空间应满足自我实现的需求

人的自我实现不是空洞和虚幻的，它可以表现为人们自信地与他人交往，得到尊重和认同，也可以表现为戏剧式行动，人们在公众面前公开表现自己，赢得公众的喝彩和掌声，还可以表现在通过交往行动向他人传达自己的思想，实现个人的意志和理想。

城市公共空间为这些高层次的自我实现提供了必要的场所。苏格拉底在古希腊的广场上和人们辩论，传播自己的思想；斯巴达的少男少女们在公共绿地和广场、街道上练习格斗，他们把身心的健全看作人格完美的标准，他们的行动成为其自我实现的象征，他们在历史舞台上的表演，戏剧性地影响甚至决定着历史的进程。

（二）城市公共空间的可达性

城市公共空间的可达性可以从宏观和微观两个方面来理解：宏观上指从原地克服各种阻力到达目的地的相对或绝对难易程度；微观上指空间本身使人们在交通上顺畅、安全、方便、易于接近。

可达性的实现，需要空间具有有效的导向系统或明确的视觉特征，向公众明确传达是否允许或欢迎进入场地的信息，暧昧不明的空间特征往往会使人无所适从。城市标识系统的设计在保证空间的可达性方面也起着非常重要的作用，那些由城市规划和城市设计造成的可达性差的问题，可以在一定程度上通过标识系统的设计加以解决。

增强可达性可以提高公众对城市公共空间的使用率，促进公共交往，加强空间的公共性。因此，可达性是衡量城市公共空间设计成功与否的重要指标。

（三）城市公共空间的公共性

公共性是城市公共空间之所以被称为公共空间的最主要的依据，空间的形态不只是一个形式或美学方面的问题，它与公共性密切相关。满足公共空间功能要求的具体方式直接体现了空间的社会性，公共空间能提供的基本社会功能有交通、贸易、休闲、交往、集会、仪式等。以广场为例，如果没有公共活动，即使同样被建筑物围合，也经过硬质铺装，这样的空间只能叫庭院，它多为私人所有和使用，而不是容纳公众的广场。

以公众为使用主体的公共空间更应该注意公众的参与，因为公共空间是不同利益主体共同使用的空间，他们对空间的需求经常会有矛盾，部分群体对公共空间的使用有可能会造成对其他群体的妨碍，而这些公共活动中的冲突往往是由空间设计造成的。公共空间设计应该尽可能地排除危害公众利益和安全的因素，并在此前提下面向不同的人群开放。只有在专业设计人员的指导下，通过公众参与，在各主体间展开博弈，协调各种需求，消除矛盾，才能保证空间设计的合理性、灵活性和多样性，并最终保证公共空间的公共性。

公众参与的主体具有各自的利益，他们参与的过程就成了博弈的过程，博弈的结果可能是共赢，但更可能是某些利益相关方被迫妥协，出让自己的权益；参与主体的信息不对等、知识水平差异、社会地位不同、生理缺陷等方面的不平衡一般都会造成弱势群体的利益无法得到保障；一些未来的潜在用户可能被忽略，他们的需要一旦被摆在桌面上，就可能出现新的矛盾；更有一些利益主体连对自己的需求和利益都不具有明确的认识，当然就更没有能力有效地参与到决策过程中。所以，专业人员的主导和公众的参与是保证决策过程公开性、公共利益分享的公正性、公共空间的公共性的重要环节。

（四）城市公共空间的生态设计

随着生态理念的普及，人们对城市公共空间的生态价值有了更充分的认识，公共空间设计中的生态问题不再是可以轻易忽视的问题，生态设计、绿色设计的概念日益成为许多设计师的有意识追求。生态设计是一种与可持续发展相联系的设计理念，很多人已经把是否"生态"作为评价设计的一个标准。

生态设计主张适应自然的过程，主张最小化地扰动自然，主张使用本土材料和技术，主张尊重传统文化和乡土知识，主张表达空间的地方特色和场所精神。所以，生态设计的理念应该是一种能最大限度地尊重自然并尊重人类文化的理念。同时，生态设计主张尊重人类生产生活过程中在大地上留下的印迹，主张保留和呈现自然系统及其过程所具有的美感，主张通过空间的设计表达人对自然的理解。这一理念并不反对在培养公众环境意识的同时，满足人们的美学追求。

城市规划作为一种具有计划性质的工作，主要着眼于宏观尺度上的物质环境，涉及城市的经济与社会发展、土地利用、空间布局、工程建设等方面，这些方面的规划对生态系统的影响往往很大。人需要建筑、硬质铺装、公共设施，也需要"艺术化的生存"，这种需求在今天拥挤喧闹的城市中尤为迫切。

（五）城市公共空间的艺术性

公共空间的艺术性体现在两个方面，一个是空间本身的艺术性，另一个是空间中所容纳的艺术作品或艺术活动赋予空间的艺术性。

空间本身的艺术性体现在空间的组织及其形态上。人对空间的感知是在时间和运动中获得的，这种空间的艺术是在时间中展开的。不同的速度、不同的节奏、不同的关注点、不同的介入程度都会影响人们对空间的体验，而城市公共空间的设计很大程度上是对这些丰富体验的安排和设计。比如，就运动的速度而言，在步行中，由于速度较慢，人们有足够的时间体验丰富的细节，而且这些细节不仅仅诉诸视觉，所有感官都有机会体验到来自空间的刺激；而在汽车上，由于速度的提高，大量细节被忽略掉了，人们体验到另外一种空间变化的节奏，视像有某种频闪的效果，同时，空间序列的线性特征被大大强化了，运动的路径也成了一种能提供感官体验甚至审美体验的资源。

城市公共空间是容纳大量艺术作品和艺术活动的地方，除了空间本身的艺术魅力，这些艺术作品和艺术活动也给城市平添了更深厚的文化底蕴和更浓烈的艺术气息。城市不仅仅是市民生活的"容器"，也是一个巨大的艺术作品和艺术活动的"容器"。充满艺术气息的城市往往会有一些著名的公共空间，是艺术活动集中发生的地方，比如，巴黎的蒙马特高地，不仅是打响巴黎公社起义第一枪的地方，同时，那里曾经留下无数著名的艺术家、思想家的身影。它至今仍然是艺术家从事各种艺术创作的天堂，也吸引了来自世界各地的游客。城市公共空间对市民的艺术教育和熏陶不但提高了公民的素养，也提升了城市的品位和魅力。

二、城市公共空间设计的要素

（一）城市公共空间要素的分类

城市广场、街道、公园等公共空间是城市中由地面、建筑、植物、栏杆、水体等界面限定或围合的公共空间。它们与周边建筑的室内空间互相渗透，互为补充，共同容纳市民的城市生活。公共空间是由诸多物质性要素构成的，但一个孤立的要素或几种要素单纯的组合并不必然地构成公共空间，只有当这些要素处于整体关系中，每一种要素作为空间整体中不可分割的组成部分而发挥作用时，它们才共同构成完整的空间。

按照空间要素的形态，公共空间可以分为以面状为主的基面要素、围护面要素和以线状或点状为主的公共设施与公共艺术要素。这种划分是对公共空间在物质层面上的分类。

从更宏观的角度看，公共空间还可看作是由自然要素、人工要素和社会要素构成的。其中，自然要素包括地形、地质、气候、水文、植被、空气、日照等；人工要素包括建筑、铺装、人工植被、市政设施、公共艺术作品等；社会要素则包括政治制度、经济、民族、风尚、传统、地方文化、人口构成、人口素质、人际关系等。社会要素虽然是非物质性的，要通过自然要素和人工要素才能得以体现，并且还要受自然要素和人工要素的约束和影响，但是，社会要素在公共空间中是决定空间形态的最具能动性的因素。人的动机和价值观往往是改变自然要素与人工要素的决定性力量，而自然要素虽然制约或影响着人工要素与社会要素，却很少能直接改变公共空间形态，除非有自然灾害等极端的情况发生。

（二）城市公共空间的基面要素

基面要素主要指在水平面上确定空间范围和形态的城市广场、停车场、街道、水面、绿地、运动场地、游乐场地等，它是城市公共空间的底界面。

基面要素除了直接提供大部分显而易见的实用功能，如集会、娱乐、游憩、交通、购物以外，还能通过其形式的设计，如空间、色彩、材质的变化，造成视觉上明确的分区，对人的活动进行引导和调节。很多城市的道路就是依靠铺地材料的选择来调节人行或车行的速度，这些手段比强制性的方式更有效，也更易于被接受。同时，基面形式的设计还可能诱发各种创造性的活动。比如，广场铺地的方格图案可以被用于玩跳房子游戏，沙坑能被孩子们用来构筑城堡，水体则因为形态、声音的多变更能引发丰富的活动。在这些活动进行的同时，一些交往活动就自然而然地发生了。

除了对人们行为的调节和诱导，基面要素设计对于公共空间的艺术性来说也是不容忽视的一个方面。对基面的处理能够有效地调节空间的尺度感，创造各种艺术效果，营造场地气氛。基面对空间的限定可通过设置、围合、覆盖、抬高、下沉、倾斜、变化等手段来实现。

第一，设置限定。设置限定是指在一个均质的空间上设置一个标志物，空间就会向这个物体聚集，形成有一定意义的场所。该物体就形成一个中心，限定了周围的空间。空间就不再是均质的了，从中心向四周，物体的限定性逐渐减弱。

第二，围合限定。围合限定是指在竖向上限定空间的方式，区别于围护面要素的围合方式，基面上的围合封闭性较弱。

第三，覆盖限定。覆盖限定是指在空间上部加以遮盖，从而限定遮盖物下部的空间。遮盖物可实可虚，形成不同的开放效果。一旦顶部和四周都有很强的限定性，空间就成为室内空间。一些空间由于界面围护介于虚实之间或室内外之间，这样的空间构成"灰空间"，如一些城市常见的过街楼下的空间就是由于上部的遮盖形成的。

第四，抬高限定。抬高限定是通过基面标高的变化使抬高的空间得到突出，被抬高的空间往往成为主导性空间，在这种空间中再使用设置限定的方法，就能形成空间中的标志物。西方巴洛克风格的城市空间中就常常在重要的节点设置高大的基座，上面放置纪念性雕塑，点明空间的主题。

第五，下沉限定。下沉限定通过基面标高的降低使局部空间从周围空间中独立出来，这种空间处理方式由于在可达性、安全性、维护以及卫生等方面容易产生一些问题，应该慎重使用。

第六，倾斜限定。倾斜限定即基面的倾斜，这种手法既可以限定空间，又可以在不同的空间之间形成联系和过渡关系。它的运用往往是为了能结合场地现有的地形特征，有时也是出于某种意图而进行的艺术处理。

第七，变化限定。变化限定是通过某种变化对空间进行限定，基面可以处理成平地、坡地、台阶，还可以有铺地材质、肌理、色彩的变化，给人丰富的视觉和触觉感受。在这方面，许多大地艺术家的实践具有很大的启发作用。

（三）城市公共空间的围护面要素

围护面要素主要指从竖向上限定空间范围的建筑物、墙体、植物、垂直下落的水体和限定性稍弱的柱廊等，它们构成空间的垂直界面。

建筑围护面的内侧限定了室内空间，类似地，建筑围护面的外侧限定了城市外部公共空间。这种类比关系在很早的时候就被欧洲人认识到了，他们形象地称呼那些被建筑包围的广场为城市的客厅。这种室外的客厅延续了室内的生活起居，并且把局限于家庭成员之间以及家庭成员与造访者之间的人际交往，扩大到更广大的空间中和更广泛的人群中。这些人可能是相识的，但更多情况下是邂逅的，其交往的形式也远比发生在室内客厅中的交往丰富和有趣。

一些重要建筑对于城市具有独特的价值，它们的立面作为公共空间的围护界面，使空间获得个性，并经常成为城市的标志性建筑。

建筑立面作为公共空间的围护界面主要是由建筑师设计的，在公共空间的设计过程中，很少有机会把建筑立面作为单独的设计对象。尽管如此，在公共空间的设计中，仍然应该把已经存在的周边建筑的围护面作为空间整体的一个重要组成部分来加以考虑，这样才有可能获得有个性而又具有整体感的公共空间。此外，在很多情况下，公共空间的设计师还可以在一定程度上对既有的围护面加以改造，甚至把建筑的表皮作为城市公共艺术的载体，使空间的艺术品质得到升华。

除了建筑立面，独立的墙体、围合度较高的植物、垂直下落的水体和限定性稍弱的柱廊都是空间中的围护界面，它们比起建筑立面来更加丰富，也更加灵活。这是在城市公共空间中创造丰富的空间层次和营造生动的空间氛围极为常用和有效的手段，也是艺术创作的用武之地。

（四）城市公共空间的公共设施要素

城市公共空间中的设施是为居民提供生产、生活等方面公共服务的工程设施，是公共空间得以正常运转的基本条件。公共设施是一种系统工程，主要包括游憩服务设施、交通设施、信息设施、照明设施、卫生设施、安全设施、无障碍设施等类别。

不同地区、不同历史时期、不同的生产力发展水平、不同的科学技术水平以及不同的文化对城市公共设施有不同的要求。同时，公共设施与城市空间的自然条件，如土地、水体、山体、气候、植被等有密切联系。它受自然条件的制约，在建设和改造公共设施时，必须合理地利用自然资源，结合生态基础设施建设，尊重和保护生态环境。

公共设施大多是固定或相对固定的，甚至是永久性的。它们供公众长期使用，不容易经常更新，更不能随意拆除、废弃。作为一种高成本的公共产品，公共设施建设和维护的开支主要依靠税收。加强与完善监督机制和公众参与，是保证公共设施真正合理有效地取之于民、用之于民的一条重要途径。况且，很多公共设施是前人留下的历史遗产，随着时间的流逝，它们已经被作为珍贵的文物看待。

公共设施的设计除了要兼顾功能、技术、经济等方面的问题，还应当尽可能地考虑其外观的设计，使之易于被公众接受。一些设施的功能可以巧妙地集合在一起，把一种外观较差的设施隐藏在另一种更美观的设施中。还可以借鉴雕塑和装置艺术等手法，把本来很丑陋的设施改造成有趣的公共艺术作品，使之自然地融合于空间中。

（五）城市公共空间的公共艺术要素

公共艺术的概念形成始于 20 世纪 60 年代初的欧美国家。目前，对公共艺术还没有一个比较公认的定义。有人认为，公共艺术是"一种将艺术创作概念和民众的公共生活空间结合在一起的艺术活动"。也有人认为，公共艺术是"运用公共经费、设置于公共空间、成为公共资产、具有永久性之艺术作品"。

"公共艺术"不是一种艺术门类或一个学科，而是一种对抗阶级和身份差别、体现民主精神的立场；是一种与强调艺术自律性的"为艺术而艺术"的态度不同的、主动介入社会的取向；是一种与精英艺术家孤芳自赏不同的、平凡人的个人叙事；是与为少数大人物歌功颂德的宏大叙事不同的、用来为公众共享的大众叙事；是一种草根情结和无差别的人文关怀。公共艺术不忽视、不排斥任何特定的场所和特定的人群，体现了一种更脚踏实地的、更真实的民主意识和人文关怀，其平民性是对"高雅艺术"观念的挑战。

不论如何定义公共艺术，人们基本上有这样的共识，即公共艺术以公共性为最重要的特征，非强制性的公众参与和互动是公共艺术得以成立的必要条件。公共艺术不再是艺术家个人的事情，也不局限于接受美学所强调的艺术家和受众两方面主体，它的实施往往需要艺术家、批评家、赞助人、政府、公众等多元主体的共同介入。

公共艺术是主动介入空间并鼓励公众介入的艺术。公共艺术能够赋予开放空间公共性。由于公共艺术的介入，一般的开放空间有可能成为一种公共空间；由于公共艺术的介入，原有的公共空间中有可能出现更多、更丰富的公共生活。公共艺术从创作、欣赏、接受等各个层面都成为一个公共行为。所以，公共艺术最主要的社会功能就是作为一种媒介促成人与人、人与环境的互动和交流，通过哈贝马斯所说的交往行动，实现自我，加深彼此的了解，促进社会的合理化与和谐互动，最终创造被公共空间中的社会群体所认同的文化。

在互联网时代，人们的交往更可以在虚拟的电子空间中进行。在这种新型的公共空间中，公共艺术获得了新的形态，借助网络无限的传播范围和迅捷的传播速度，其影响力远远超过传统的媒介，公共空间、公共艺术的外延正在被拓展。

三、公共空间形式设计的方法

（一）从场地出发的设计方法

1. 从场地需求出发的方法

从场地需求出发寻找空间形式目前是一种被比较广泛地认同并采用的方法。

场地需求包括自然和人文两大方面，前者是场地自然条件对设计的制约，后者是主体对场地多方面的需求，二者共同对设计提出要求。其中，前者又可以分为生物和非生物两大类别，后者即与场地相关主体的需求，公众的活动和交往使城市公共空间的公共性得以体现，满足各种交往的需求就成为公共空间应具备的基本功能。此外，公众对于空间在实用性方面也有多种多样的需求。从场地需求出发的设计方法，应该对这些方面加以综合考虑。

从场地本身对设计的制约方面来看，城市公共空间往往要涉及地形、地质、土壤、植被、水体等方面的因素。这些因素一方面对设计造成制约，违背自然规律的设计必然要付出昂贵的代价；另一方面，这些所谓的制约又能成为设计构思的来源，至少现有的场地条件已经为设计提供了初始的形式，任何设计实际上都只不过是在现有空间形式上加以不同程度的改变而已。

从主体需求方面来看，不同的人群具有不同的需求。要确定复杂的需求，首先就要对场地上及场地周边，乃至远离场地但有可能成为场地使用者的人群加以分类研究。主体的需求实际上就是主体对公共空间功能方面的要求，它包括物质上的实用功能，也包括精神方面的需求。此外，还有很多种对主体需求层次的划分方法，如把需求消费分为功能性需求、社会性需求、情感需求、知识需求、偶发性需求。如果把公共空间看作公共消费的对象，即公共产品，那么，这种划分方式是可以参考的。还有一种比较常用的分类方法，就是从功能、经济、美学、生态等方面分别研究主题需求。在每一个大的类别下面，可以再细分出次一级的类别。每一个个体的需求都是不一样的，这些个体的需求也是可以无限制地细分的。同时，不仅这些需求始终在变化，就连使用者本身也是一个动态的存在。由于公共空间的复杂性，只有一个层级的分类是很少见的，在一个层级的需求下面，还会有一定的子需求，这种细分从理论上讲可以是无穷的。这时，分类的细化程度一般就要根据设计师的需要和能力来确定。

不同的主体会对设计提出不同的要求，而这些要求往往是互相矛盾的。在设计中的许多决定往往就是某些利益相关方意愿的体现，这些决定在满足某些主体意愿的同时，有可能会伤害另外一些主体的利益。但是，研究多元主体的需求，并非以满足所有主体利益为目的，因为那种理想化的状态几乎是不可能存在的。研究主体需求的目的是要通过设计师的设计和决策、多主体之间的博弈以及公众参与等手段，力求在各主体之间取得最大化的平衡，减少任何一方对其他主体造成侵害，特别是要极力消除潜在的犯罪行为以及其他安全隐患，最终体现公共空间的公共性原则。

满足复杂多元需求的方式也并非针对每一项需求分别做出设计，而是要使空间和设施具有通用性，尽可能满足设计师想到的和没有想到的所有公众需求，在各种相互矛盾的需求之间取得协调，并通过富有创造性和启发性的空间形式唤起潜在的功能，激发新的需求，为公众创造性地使用空间提供机会，从而赋予公共空间活力。

就具体的场地而言，了解场地需求最直接的方法就是实地调查，获取第一手的数据和信息。目前，行业内已经积累了很多获取数据和信息的方法和技术，如针对场地本身的现场地形地物测绘、现场拍照、航空摄影、航天遥感影像获取、成本分析法、数据库应用，以及针对场地使用者或潜在使用者的问卷调查法、特尔斐法、访谈法、人种志法、政策分析法等。

从场地需要出发的设计方法有很多种变体，但一般来说，场地调查完成后，就会进入对数据的研究和分析阶段。所谓分析，就是把问题分解，按照不同的问题类别进行研究。根据分析的结果，得出对于场地现状的评价，进而针对评价结果提出改变场地的设想。在数据获取和分析阶段，会用到图解、文字、数据、地图等手段，这些手段主要被用于对场地的研究，并不过多涉及空间形式的创造。

从程序上看，这种从场地需求出发的方法，把形式生成放在前期研究之后，而那种一开始就着手进行形式设计的方法被认为是一种冒险。

设计不仅是对客观事实的描述和研究，更是一种主观预想的解决方案和客观存在的事实之间相互作用的辩证过程，是改变客观现状并创造新空间形式的过程，设计基于设计师对于"事实是怎样的"以及"事实应该怎样的"意识，两种意识缺一不可。也就是说，设计不是一个纯粹客观的过程，主观因素总是在起作用，并且这种作用往往是巨大的。

虽然从需求推导出空间形式的方法存在种种问题，但对于这种方法也不必全面否定，如果调查数据足够准确和充分，对场地需求分析没有太大的失误，对主观因素保持足够的尊重，动态地看待复杂的需求，对确定性保持谨慎怀疑的同时，只要保持足够的开放和宽容，不再以"形式追随功能"为借口排斥其他多种多样的形式生成途径，以科学、客观的态度对待形式自身规律的研究，承认灵感、随机性、主观愿望、审美趣味、个人差异、文化传统等无法用工具理性解决的因素对于形式生成的重要作用，至少在处理具有较强确定性、能够量化的问题时，这种方法对于解决场地功能和需求问题是行之有效的。

2. 从场地要素出发的方法

场地要素不仅是保证公共生活得以发生的物质条件，也是公共空间设计的重要内容，同时，从场地要素出发的设计还是一种很重要的设计方法。

从场地要素出发的方法是一种先分析再归纳的方法，即先把整体的场地分解成基本要素，分别加以分析和设计，再把它们整合到一起，以得到一个完整的设计方案。

把整体的场地分解为要素，就需要对这些要素进行分类。分类的方法有许多，其中，被广泛采用的方法是把城市意象分解为道路、边界、区域、节点、标志物五大要素，这种分类方式对于城市公共空间设计以及更大范围的城市设计都是适用的。

还有一种更加"还原主义"的要素分类方式，即把场地上形形色色的物质要素分成点、线、面、体等基本的、抽象的几何元素，再引进数量、位置、方向、方位、尺寸、间隔、密度、颜色、时间、光线、视觉力等变量，对这些要素进行改变或组织，以获得新的景观形式。把基本的形式要素看作视觉的词汇，把空间形式看作一种语言。其具体设计过程是首先把现有场地还原成基本的视觉词汇，并对它们进行分析，之后再结合功能方面的考虑，从场地多个可能的方面寻求设计的灵感。这种方法试图在功能、美学、成本等方面取得平衡，是对形式的主动寻找，而不是期待它们从功能分析中自动产生。

虽然从场地需求出发和从要素出发的设计方法中都存在分析和归纳的过程，但是，前者针对的是场地需求和功能，后者则直接切入形式的设计。如果说前者的思想基础主要是"形式追随功能"观念，那么后者的依据则主要是"还原"主义理念。

依照"还原"主义的观点，世界是由一些基本元素构成的，在古希腊有"四大元素"的说法。在现代科学里，所有物质都能还原为最基本的分子、原子，甚至更小的粒子，而这些粒子的总数量也是确定的，绝对不存在任何不确定因素。

公共空间设计不能停留在抽象的、非物质性的几何形状上，而是需要借助具体的物质要素去实现。设计师从场地提炼要素并抽象为几何形式，经过重新组织，然后还要反过来把抽象的几何形式再转换为物质性的空间形式要素。被分解和还原的元素不论被还原到什么程度必须重新构成一个整体，整个过程就是一个从个别到一般的归纳过程，而不是与之相反的从一般到特殊的演绎。

与从场地需求出发的设计方式不同，从场地要素入手进行设计更多地要依赖草图的绘制，而不是文字和数据。在设计开始阶段，现场的写生往往是最重要的步骤。尽管照相机在这时可以作为一种辅助工具，但是，由于照相机在选择、提炼和取舍等方面不如绘画那样具有无限的灵活性和能动性，对于主观感受的表达方面更是远不及绘画，那种认为相机可以取代纸笔的观点是难以成立的。

与画家的写生不同，设计师的写生不以获得完美画面为目的，它更多的是一种研究，而不是艺术表现。画面虽然可以具备很高的艺术性，但是，只要能够有效地捕捉场地要素以及设计师对场地的感受，只要足以满足设计的需要，那些谈不上艺术性的写生也是无可非议的。

由于在现场的写生不需要经过太多的言语思维，写生的成果是形象的画面，从写生画面到设计草图的转换就很直接。这时，形式对于场地的需求不存在一种确定性的追随关系，不存在一个功能决定论者预设的所谓标准答案，由于要素的丰富性以及设计师判断的主观性，这种方法蕴含的形式生成的可能性是无限的。同时，场地独有的个性始终得到关注，这样得到的形式往往会比较成功地体现文脉和场所精神。

从场地要素开始的公共空间形式创造可能有两种取向：第一，从要素的角度寻找场地上存在的问题，并有针对性地加以解决；第二，把场地现有要素作为设计灵感和形式母题的来源，发现设计概念，并借助空间形式语言实现概念。前者更偏重实证性研究，后者则带有更多的主观性；前者把要素的分析作为一种约束和限制，形式的创造必须以解决问题为前提，后者则把要素作为形式创造的契机，它具有一种启迪灵感的力量。两种取向各有优缺点，它们往往同时存在于一个设计过程中。前者有利于针对性地解决问题，避免功能上的失误；后者更容易激发设计师的主观能动性，并且，这种能动性是从具体场地出发，以场地文脉为根据的。两种方法可能存在的问题是，前者容易走向机械的还原主义，细节或要素的拼凑有可能使设计失去整体感，甚至成为一种失去精神性的技术性操作；后者则有可能由于设计师个人修养不足、趣味低下、感受有偏差等导致设计概念平庸甚至不当。只有对这些问题保持足够的认识，才可能有效地避免出现失误，并通过提高设计师自身的全面素养，创造出高品质的公共空间。

3. 从场所精神出发的方法

场地的整体氛围和精神不是一种虚幻的东西，虽然有时候它很难用语言表达出来，但人们往往还是会被一种莫名的东西打动，那种体验可能很朦胧，也可能很真切。这种莫名的东西在《建筑的永恒之道》中被叫作"无名特质"，在《场所精神：迈向建筑现象学》中被叫作"场所精神"。其中，"场所精神"的说法使用更广泛，它是现象学理论在设计中的应用，是直接面向事物本身的看与领会的方式，是一种透过主体经验去把握场地的"本质直观"，而不是那种对主体持不信任、否定和排斥态度的实证主义分析。场所是有性格的，它不是单纯的物质空间。场所的性格和特征是其精神的外在体现，它来自场地与天地四方的关系，也来自历史的积淀。对于公共空间来说，如果一个空间能够为公众带来精神上的认同，使人们获得归属感，甚至领悟到存在的意义，那么，这个空间就不再是纯粹的物质空间，它是有灵魂的、有魅力的、有生命的"场所"，只有在这样的场所中，人才能够"诗意地栖居"。

优秀的公共空间设计应该是场所精神的设计，是以体验场所精神为立足点，以营造场所精神为终极追求的设计。一方面，从客观角度来看，形式在设计之前早就蕴藏在场地中，设计师的使命就是体验场地的精神，找到那本应属于特定场地的形式。这种体验和寻找不应在所有功能需求都得到分析和解决之后，而是应该在设计的一开始。另一方面，从主观角度考虑，在着手设计草图之前，空间形式其实早就潜在地存在于设计师的设计思想中，设计师对于方案的寻找发生在场地上，也发生在自己的思想中，设计的过程就是设计思想的具体化和自然流露。

设计师捕捉心灵体验的最有效方式是记录现场感受的绘制。绘制可以是在现场的写生，也可能像古代中国画家那样凭记忆捕捉"心象"。从场所精神着眼的绘画与从要素入手的绘画方法是有差别的，虽然同样使用场地写生的方法，后者却很容易陷于理性的、计算的分析，它往往更多运用的是逻辑思维；前者则需要迅速地、整体地捕捉主体的感受，写生应该能把握场地的灵魂，而不是被用作肢解对象的工具，正如肢体和脏腑的组合不能赋予肉体生命，依靠场地要素的拼凑也很难得到场所精神。

虽然场所精神最终还要靠具体的物质要素来实现，但是，场地要素不应该被当作出发点，更不应该作为设计的归宿。因为那样的结果往往是空间形式语言的滥用和各种要素机械的堆砌，对于要素的选择和使用应该以是否有助于烘托整体的场地氛围为标准，如果某些要素对于场所精神的表达非常重要，它很可能被转换为一个关键性的母题，要素的使用和母题的确定要服从一个最适合场地的主题。

因此，从场所精神出发的公共空间设计方法就特别强调对于场地的直接体验。具体的体验方式可以是在现场的看、听、闻、触摸，也可以是写生，通过这样一些本质直观的方式从场地寻找设计的主题。具体设计步骤如下：

（1）亲身体验场地，发现场所精神，寻找与之相契合的设计概念。

（2）根据概念组织形式要素，把概念转换成空间形式。

（3）研究人和场地的需求。

（4）结合场地需求调整形式，让形式和潜在的需求相适应。

（5）和主题相适应，寻找用形式唤起其他活动的可能性，提升空间的意义。

（6）细部设计、材料选择和建造技术等也要追随主题性的设计概念。

在第一个步骤中，场地写生是非常重要的，训练有素、感觉敏锐的设计师会很快地让场地特征和自己的感受跃然纸上，有时候，甚至设计的概念很快就在写生画面上出现了。

在随后的步骤中，关键环节是把设计概念向空间形式转换。这种转换不是对场地上物质性要素的简单模仿，而是一种把具体的场地特征与主观的设计概念相结合的工作，是在尊重场所精神的前提下能动地创造。

从上面六个设计步骤可以看到，主题设计并非不考虑场地需求，而是试图在特定的阶段把需求整合进形式中，形式不追随需求，但是要满足需求。在初步获得符合设计概念和主题的形式之后，便要开始考虑复杂需求。这时，不可避免地会产生形式同需求的冲突，形式必须加以调整，这就需要在不丧失场所精神和满足功能需求之间求得平衡。经过需求与形式的互相适应，形式进一步完善，并获得功能上的合理性。由于不同的形式同需求发生冲突的方式不同，二者之间取得平衡的方式也会千差万别，不同的矛盾需要不同的解决方案，最后得到的形式就可能是多种多样的。

把场所精神作为设计的起点和追求，不但可以避免沉迷于无意义的形式游戏，还有可能通过形式的创造使场地独有的本质和特征被更明确地呈现出来。

（二）从场地之外出发的设计方法

除了可以从具体的场地开始进行城市公共空间的设计，还有场地外不计其数的因素都有可能成为设计灵感的来源和形式生成的出发点。

如果说功能决定论是基于一种单向思维，那么艺术创造则是基于一种多元思维，它对于无限的可能性保持开放，万事万物都可能是艺术创造的源泉，公共空间设计就是这样一种具有无限可能性的艺术创造活动。所谓的"创造逻辑"不仅是对艺术的误解，也是对科学的误解，在科学中和在艺术中一样，根本就不存在什么创造逻辑，每一个发现都含有非理性因素或创造性直觉。

绘画、雕塑、建筑、音乐等艺术形式与城市空间的设计一直有着千丝万缕的联系。艺术对城市的影响是多方面的，除了在观念、风格、表现手法等方面被设计师所关注和借鉴，还有些公共空间设计的形式就直接来自艺术作品。

在公共空间设计中，生态学的作用不仅仅体现在技术上，许多设计作品的灵感和形式也直接来源于生态理念。从自然界发现形式并转换为空间语言，在人类生态意识空前觉醒的今天，生态设计已经成为一个常见的现象。当然，这种对于自然形式的直接搬用和模仿不见得和生态学有什么关系，它只是又一次证明，大自然永远是艺术创作的源泉。

还有一些完全不可预料的因素，随时随地都可能进入设计师的思想，碰撞出灵感的火花。无论是场地内还是场地外的因素，也无论是和公共空间设计直接相关的因素，还是看上去根本无关的事物，一切的一切，都有可能成为公共空间形式的出发点，这就是艺术具有无穷创造力的明证。

还有一种设计永远也没有机会和真实的场地发生关系，它们是仅仅停留在图纸、模型、文字描述甚至想象中的"未建成"的设计方案或构思，在这些"未建成"的作品中，草图所占比重最大。所以，草图对于这些设计来说，既是研究和探索的手段，又是最终的设计成果。虽然未建成，它们中的一部分却已经成为设计史的一部分，也正由于未建成，这些设计是超越时间和空间的，又是连接过去和未来的，它们以前卫的姿态挑战着、震撼着设计领域，荡涤着因循的惰性，用未被现实污染的纯粹理念激励着创造的力量。

（三）从图式出发的设计方法

1. 从几何图式出发的方法

设计经常被看作一种独特的语言系统，语言学理论对于设计理论影响很大。在人类的语言中，那些最基本的、有限的词语和语法可以生成无穷多的句子。像语言一样，空间也有自己的基本词汇和语法，它们可以独立地生成无限的空间形式。

如果说语言中最基本的词语是文字符号，那么建筑、景观、城市公共空间等设计专业以及造型艺术中形式的"词语"则是最基本的几何图形。古希腊早就把比例与美联系起来，美学中极为重要的"黄金分割律"就是用长方形的长宽比来描述的。从某种意义上说，黄金分割奠定了西方古典美学的基础。

2.从原型图式出发的方法

虽然由几何图式出发的逻辑生成方式是一个历史的产物，但是，抽象的几何图式仍然可以被当作不包含历史文化信息的纯粹形式的语言来研究。除此之外，还有一种图式是历史文化信息的载体，并作为永恒不变的内核存在于无数变体中，这个内核被一些学者叫作"原型"。

原型主要指构成集体无意识的基本要素，用于描述人类的人格结构和文化心理，后来提出的原型概念则偏重描述认知过程和创造心理，总的来说，两种原型概念非常相似。

原型概念在城市设计和建筑设计领域的使用是从 20 世纪 50 年代末开始的。不同时代和地域的城市和建筑形式都是对原型独特的、个别的阐释。对原型的运用就好比对数学公式的应用，万变不离其宗，原型是各种形态变体背后不变的核心。

把原型理论进一步完善的是建筑类型学理论，它包括从历史中寻找原型的新理性主义、建筑类型学和从地域中寻找原型的新地域主义建筑类型学。类型被认为是一切形式的源头，最基本的类型确立了具有普遍性的原则，简单的类型蕴含着无数种变化的可能性。

类型学把形式放在功能之上，致力于研究形式的内在逻辑，强调形式的自主性。类型学理论家认为，设计就是对于基本形式类型的编辑、组合和变化。他们尤其注重类型的历史脉络，类型被视为形态学的工具。与极力清除先在性的几何图式不同，原型是对于历史或地域特征的高度抽象和提炼，没有任何东西是凭空产生的，历史的先在性是它不可或缺的属性。建成环境及其形式作为一个整体是从历史和文化中生成的，它有自己的本原和自己的逻辑；作为个案，具体场地上的设计是以原型为内核从场地中生长出来的。

所谓建成环境是指城市中非自然形成的人造环境，是由城市中已建成的城墙、街道、桥梁、建筑物、构筑物等构成。除一些特殊的因素外，大部分的城市空间发展都与建成环境相关，城市是一个连续生长和不断更新的有机体。

（四）形式叠加与拟合的设计方法

每一种设计方法都有所侧重，有所专长，也有所欠缺，如果各种方法能够互相借鉴，互相弥补，就可能比单纯使用一种方法更有效地保证设计质量。事实上，也很少有设计师严格按照某种单一模式进行设计。每一个设计过程中都会有偶然性，都会有一些事情是无法预料的，在不断的猜想与反驳过程中，没有严格的逻辑，设计的过程往往是带有探索甚至冒险性质的创造过程。可以说，有多少设计师，有多少设计方案，就会有多少具体的设计过程和方法，它们可以按照某种标准大致归类，但又总是存在特殊性。在具体实践中，没有纯粹理性或感性的方法，没有哪一种方法是严格排他的方法。每一个具体的设计实践都会在不同的阶段不同程度地引入第二种甚至更多种方法。

各种设计方法之间的试错具体体现在形式上，而不是像在科学研究中那样更多地表现为抽象的数据和公式。所以，只有把这些形式放在一起，它们之间的互相纠正错误——试错——才是可能的。虽然针对不同方面的问题可以得到不同的图纸，如功能分区图、绿地系统分析图、道路系统分析图等，用不同的方法或基于不同构思也可以得到不同的空间形式；但是，因为这些图纸都是针对同一个场地，把它们叠加在一起就成了最方便的空间形式拟合手段。

在公共空间设计中，把图层作为分析的工具进行叠加至少从三个方面来看是很有必要的：其一，由于设计中要解决的问题相当复杂，只有针对每一类问题分层绘制草图，让每一层传达有限的信息，才易于把每个问题分别进行较充分的表达，并能够避免大量信息之间的互相干扰，从而使这些草图具有较强的可读性；其二，只有经过叠加，各个层次产生空间上的对应，它们之间的关系才能被揭示出来；其三，只有通过叠加拟合，各方面的问题才能纳入一个整体的系统，并最终得到综合的解决方案。

在各种方法之间引入叠加手段，把通过每一种方法得到的草图作为一种假定性的图式，各种图式叠加后互相修正，形成方法间的试错机制，就可以弥补每种方法的缺陷，避免失败和错误。

按照"图式加矫正"理论归纳的设计过程模型，首先，从不同出发点会得到不同的初始图式；之后的"形式操作""形式合成""形式与需求的拟合""对形式要素的组织和重构"或"用意象图式呈现场所体验或场所精神"等步骤就是在各种方法内部对初始图式的矫正，经过矫正过程得到修正图式；随后对修正图式的叠加是各种方法间的试错，但它并非对所有方法的整合，因为在每一个具体设计案例中采用所有设计方法是不太现实的，叠加是有选择性的，如何选择取决于设计师的方法论立场和具体项目的实际要求。

此外，还可以在设计的某一阶段引入不同专业人员的合作，让不同专业和不同立场互相矫正，排除错误，这也是一种常见的综合解决复杂设计问题的策略。

第三节　城市公共空间设计的范畴

一、城市公共空间的装修设计

"城市的公共空间是记录历史，特别是城市发展史、城市文化，以及塑造城市文化形象特征、引发集体记忆的空间，是充满都市韵味与时尚气息的重要场所，是融休闲、娱乐为一体的空间形态。"城市公共空间装修设计主要是针对空间建筑构件的实体和半实体界面的设计处理，包括对顶面、墙面、地面以及对空间进行重新分隔与限定。这些界面的色彩、质地、图案会影响我们对室内空间的大小、比例、方向等方面的感受，是形成空间的趣味、风格和整体气氛的重要因素。

顶面在装修设计中又称为吊顶。吊顶工程是装修施工中十分重要的组成部分，建筑装饰各种规范、标准对装修限制不断强化，例如在很多场合要采用防水材料，公共建筑要求采用不燃耐火和防火材料，而室内吊顶材料的防火要求更加严格。与此同时，室内装修防火施工方法也不断涌现和成熟，如基层材料与饰面材料的组合不同，防火材料的防火性能也就不一样。

公共空间装饰是对建筑空间做进一步分隔与完善的过程，是建筑设计的深入和发展。由于使用功能的需要，公共空间装饰在建筑设计的基础上，对建筑空间进一步细分。隔墙和隔断工程设计施工是完成这一目的的重要手段和方法。隔墙和隔断一般分为两类：固定式隔断和活动隔断（可装拆式、推拉式和折叠式）。隔墙和隔断的种类很多，根据其构造方式，可分为砌块式、立筋式和板材式；按材料的不同，可分为木质隔断、玻璃隔断、石膏板隔断、铝合金隔断、塑料隔断等。

楼地面，不仅是装饰面，也是人们进行活动和陈设器具的水平界面。楼地面与顶棚共同组成了公共空间的上下水平要素，还要具有各种抗侵蚀和耐腐性。按照不同功能的实用要求，地面还应具有耐污、防水、防潮、易于清扫的特点。有特殊要求的公共空间，隔墙和隔断还要有一定的隔声、吸声功能，并且要有弹性和保温、阻燃等性能。

二、城市公共空间的物理环境设计

公共空间物理环境设计是对公共空间的声环境、光环境、热环境、干湿度乃至通风和气味等方面进行设计处理。其目的是营造一个有利于人们身心健康的公共空间。这一范畴的设计工作是形成公共空间环境质量的重要方面，它与材料与技术的发展和应用有着密切关系。

就声源而论，可能来自生活声、自然声、人体声，其中既包括悦耳的音乐声，也包括令人心烦的各种噪声。一般比较和谐悦耳的声音，我们称为乐音。物体有规律地振动会产生乐音，如钢琴、胡琴、笛子等发出的声音都属乐音，语言中的元音也属于乐音。不同频率和不同强度的声音，无规律地组合在一起，则变成噪声，听起来有嘈杂的感觉。噪声常指一切对人们生活和工作有妨碍的声音，不单纯由声音的物理性质决定，也与人们的生理和心理状态有关。

利用阳光永远都应是室内环境的首选。只要能合理地将阳光引入室内就可以不需要任何设备。但是，现代生活越来越复杂，常常要求用人工照明加以补充，甚至完全用人工照明代替天然采光。大空间的办公室或生产车间，靠侧窗采光难以满足房屋深处的照度要求，这就要求采用灯光来补充阳光的不足，特别是在地下车间、地下商业街等阳光无法引入的空间就必须借助人工光来解决照明问题。

三、城市公共空间的色彩设计

色彩是空间语言中重要且最具表现力的要素之一。当谈及色彩时，我们并不只是指视觉现象的一个特殊的方面，而是指一个专门的知识体系。

第一，色彩的对比。色彩的对比是指色彩之间存在的矛盾。各种色彩在构图中的面积、形状、位置和色相、纯度、明度以及对人们心理刺激的差别构成了色彩之间的对比。这种差别越大，对比效果就越明显，缩小或减弱这种对比效果就趋于缓和。

第二，色彩调和。色彩调和的主旨在于追求悦目、和谐的色彩组合，使之规律化。但是色彩的调和规律并非一成不变，因此难以笼统地断言哪种色彩调和最美、效果最明显，就这一意义而论，可以说色彩调和只是一般规定色彩之间协调规律的方法，是色彩之间协调的理论基础。

第三，色彩的特性。色彩的特性分为色彩的冷暖和重量。人对色彩的冷暖感觉基本取决于色调，所以按暖色系、冷色系、中色系的分类划法比较妥当。色彩性质对空间亦有很大的影响，如浅色的空间给人明朗、轻快、扩充的感觉；深色的空间则给人沉着、稳重、收缩的感觉。

空间中色彩的知觉效应分为距离感、空间感、尺度感、混合感、明暗感。色彩的距离感，以色相和明度影响最大，一般高明度的暖色系色彩感觉凸出、扩大，称为凸出色或近感色；低明度冷色系色彩感觉后退、缩小，称为后退色或远感色。有色系的色刺激，特别是色彩的对比作用，使感受者产生立体的空间知觉，如远近感、进退感。在室内空间环境不变的情况下，若改变空间色彩，结果发现冷色系、高明度、低彩度的空间显得开敞，反之则显得封闭。因受色彩冷暖感、距离感、色相、明度、彩度、对空气穿透能力及背景色的制约，会产生色彩膨胀与收缩的色视觉心理效应，即尺度感。将两种不同色彩交错均匀布置时，从远处看去，呈现这两种色彩的混合感觉。

在建筑色彩设计中，要考虑远近相宜的色彩组合。色彩在照度高的地方，明度升高，彩度增强，而在照度低的地方，则明度感觉随着色彩的变化而变化。

四、城市公共空间的材质与肌理设计

公共空间界面的材料、质地及其肌理（也称纹理）与线、形、色等空间要素一起传达信息。如空间内的家具、设备，不但近在眼前而且许多和人体发生直接接触，可以说是看得清、摸得着，因此，使用材料的质地就显得格外重要。材料的质感在视觉和触觉上同时反映出来，因此，在空间质感环境设计中应充分利用人的感觉特性。

公共空间的装修材料种类繁多，按照装修行业的习惯大致上可以分为主材和辅料两大类。主材通常指的是那些装修中大面积使用的材料，如木地板、墙地砖、石材、墙纸和整体橱柜、洁具、卫浴设备等。辅料可以理解为除了主材外的所有材料，辅料范围很广，包括水泥、沙子、板材等大宗建筑材料。

五、城市公共空间的结构与工艺设计

结构是指在公共空间设计中，由材料做成用来承受各种荷载或者作用，以起骨架作用的空间受力体系。因在设计中使用的材料的不同，可分为混凝土结构、砌体结构、钢结构、轻型钢结构、木结构和组合结构等。

装饰施工工艺流程对于施工的顺利进行和最后的成品质量会造成很大的影响，可以说是施工工艺流程的制定和执行时反映施工水平的一道标杆。在施工中，不少的质量问题就是由于没有严格执行施工工艺流程而产生的，所以掌握相应的装饰施工工艺流程对于公共空间设计来说也是十分重要的。可以简单地将施工工艺划分为以下四种：

第一，造型工艺。造型工艺是指在原建筑结构基础上，根据设计要求重新塑造一个新的界面。其特点是工艺复杂、技术性强。

第二，饰面工艺。饰面工艺是根据设计要求，将各种不同性能和色彩的装修材料，运用各种不同的施工方法固定在建筑基层或装修物件上。它具有美化环境、保护建筑结构或装修结构的作用。

第三，安装与结合工艺。安装与结合工艺具有两方面的含义：一方面，在造型工艺中是处理建筑基体与装修构件及装修材料之间的连接方式和固定形式；另一方面，在饰面工艺中是指不同材料之间衔接部位的结合处理，如门框、窗和墙面的结合；吊顶面与墙面、灯位的结合；室内阴阳角的结合等。

第四，清理与修补工艺。清理与修补工艺是装修工程完工后，进行的最后一道特有的施工工序。修补是出于某种原因破坏了装修饰面，在不可能重新更换的情况下进行的。而清理是竣工后针对装修面残留的污迹、室内的垃圾等杂物进行的各类清洁和清理工作，使质量标准达到要求。

第二章　城市公共空间设计——公共设施设计

第一节　公共设施及其设计的原则

一、公共设施的概念

通常意义上认为，公共设施是提供给公众享用或使用的属于社会的公共物品或设备。从社会学来讲，公共设施是满足人们公共需求（如便利、安全、参与）和公共空间选择的设施，如公共行政设施、公共信息设施、公共卫生设施、公共体育设施、公共文化设施、公共交通设施、公共教育设施、公共绿化设施等。如果从空间的含义上来讲，公共设施是被三维物体所围成的区域，是把"大空间"划分为"小空间"，又将"小空间"还原、融入"大空间"的过程。从美学的角度上来看则是对立、统一和变化的过程。

公共设施是城市环境中不可缺少的要素，每个环境中都需要特定的设施，它们和环境共同构成公共空间，能满足人们在精神和生活上的不同需求，体现不同的功能与文化氛围，是人们活动空间的装置与依附。当公共设施与经济、社会文化相融合，才能打造有效的空间环境。

公共设施充实了城市空间的内容，代表城市形象，城市空间品质的优劣可以通过公共设施的设计来衡量。公共设施可以反映城市空间特有的精神面貌、人文风采；可以表现城市空间的气质与风格，显示当地的经济状况；公共设施具有强烈的审美价值。现代人在社会高度发展的大环境下，越来越要求提高生活品质，公共设施设计在此时发挥了极其重要的作用。

二、公共设施的发展与演化

公共设施是为社会大众提供服务性的公共产品或设备，其发展和演化也是有根可溯。中国古代园林中就有大量供人休憩与娱乐的设备，如游廊、座椅、石灯、秋千、水榭等，它们为中国古典园林的性格塑造添上了浓墨重彩的一笔。

中国近现代，随着城市建设的发展，公共设施的设计大致可以划分成三个阶段：第一个阶段是中华人民共和国成立后，以梁思成等建筑师为代表的设计师，在城市空间建造和维护上做出巨大的贡献，但由于大环境的限制，经济发展水平低下，使得城市发展和公共设施的发展处于落后状态；第二个阶段是改革开放后，经济飞速发展带动城市建设加快，外来设计思维进入以及人民由于经济生活得到大幅度改善，进而对生活环境有了更高要求，公共设施也在这个时期有了较大的发展；第三个阶段则是在 21 世纪之后，伴随社会的高度发展，城市建设和公共设施的设计也进入了高度发展的时期，人们要求"安全、健康、舒适、效率"的生活目标，而公共设施也由之前的单体设计转向群落和整体设计领域，从社会空间构成角度增强了城市规划、环境空间设计的力量。

当下科学技术突飞猛进，信息传递方式的变化促进了公共设施的发展，其特征是从旧体系转变为"信息化"体系，由传统的功能单一转变为形式多样化、功能多样化、感受多样化。公共设施设计的最终目的是为知识经济时代的人类创造一个优美、高效、舒适、科学的环境及优质的双向沟通与互动的空间渠道。公共设施设计涉及众多学科、知识和行业，它并非一个独立的学科。确切地说，公共设施设计是一种概念，一种意识，是对生活的解读，是对环境敏锐的感知，是人类历史发展到今天的必然产物。

三、公共设施与环境艺术的关系

公共设施设计是知识经济时代和信息社会环境构成的重要部分，它虽然不是新生事物，却因为时代特征被注入了新的内涵。其核心学科有环境艺术设计、视觉传达设计、工业设计，并且与城市管理、城市设计、生态环境学、社会学、心理学、行为学、美学等有着直接的联系。

所以，公共设施设计也不可能是一门独立的学科，它是当代经济发展、信息技术高度发达和人的精神层面的较高需求下催生的一种行为，是人类对美好生活环境的一种醒悟和意识。公共设施设计师不仅要有对美的认识力，还要有对社会要求的觉察力，应该具有对信息环境的关心和对空间环境建设的关注以及承担的责任与义务。公共设施设计体现出一种建立、规则、实施、管理、享受环境、信息和生活的秩序。公共设施设计是一种物与物、人与人、人与物互动和交融、充满生命活力的关系。总而言之，公共设施设计是以人为核心，以公共服务产品和设施为对象，运用现代设计手段，创造功能合理、结构科学、形式优美、能满足人的审美意识与生活情趣的艺术设计行为。

环境艺术是研究人的生活环境的艺术学科，主要是对人类周边空间的研究，包括城市规划、城市设计、建筑设计、室内设计、景观建筑等。环境艺术是人与周围的环境相互作用的艺术。环境艺术是一种场所艺术、关系艺术、对话艺术和生态艺术。

因此，公共设施设计应该是环境艺术中的重要范畴，是大空间指导下的小空间打造，旨在设计出符合环境场所精神和空间性格的服务性产品与设备。目前，公共设施设计在国际上已引起高度重视，并成为衡量一个国家或地区先进程度的重要参照体系。近年来，我国一些城市在发展经济、建设现代化城市的同时，讲求对公共环境和设施的设计，在塑造城市风貌和打造城市名片方面卓有成效。

四、公共设施的设计原则

（一）公共设施设计的一般原则

一般意义上认为，公共设施设计遵循以下原则：

第一，易用性。在现实生活中，很多公共设施缺乏可以被人容易和有效使用的能力。比如垃圾桶的设计既应该考虑到防水，又不能产生投掷的困难；自行车停放系统应该既防盗，又易于辨识使用方法。

第二，安全性。设置在公共环境中的公共设施，设计师必须考虑到使用者和参与者在使用过程中可能出现的任何行为。电视节目中经常会报道孩子手被卡在公共座椅的缝隙里，或者是掉入某个设施的孔洞中。孩子也是公共设施的参与者，设计师应充分考虑各个使用人群的生理和心理行为的特征，设计没有任何潜在威胁的公共设施。

第三，关联性。任何一个公共区域，每一个区域和设施间都有其内在的联系，设施的设计也会诱导不同人的行为。例如夜间灯光系统中，不同类型的灯的设计在不同空间环境中都有一定的距离要求和亮度要求。

第四，审美性。公共设施对于空间环境氛围的营造有着重要的推动作用，进行公共设施设计的时候应当尊重环境的风格和氛围,符合大众的审美需求。造型优美且功能良好的公共设施不仅吸引人的使用,也能诱导人在使用过程中爱护公共设施、爱护环境,增强人们对环境的归属感和参与性。

第五,独特性。公共设施具有专项设计、针对设计的特点,设计师应充分考虑设施设置的具体地理位置、地域条件、城市规模、文化背景、历史传统和周边环境,针对相同的设施提供不同的解决方案。

第六,公平性。公共设施的受众是所有人群,当然包括所有弱势群体,其中有儿童、妇女、残障人士等,满足他们的需求是公共设施公平性原则的体现。

第七,合理性。主要表现为公共设施的功能适度和材料合理两个方面。

(二)公共设施的创新原则

公共设施在现代文明发展到现在,也被赋予了新的设计原则。公共设施设计涉及的主要内容是环境心理学和人体工程学,环境心理学是公共设施设计学科群中环境规划设计、景观设计、工业产品设计、公共艺术等创作、实施和管理等诸多环节必不可少的参照依据,环境心理学在公共设施设计中必须遵循的原则如下:

1. 以人为本的原则

尊重人对环境的生理和心理需求,公共设施的设计上要求满足功能和审美的需要,尊重使用者的感知、经验、需要、兴趣、个性等。心理学认为:使人感兴趣的东西往往易被人知觉。所以公共设施设计时可从两方面着手:一方面可研究人的生理特点,使设计的产品能满足人生理上以及不断发展的生活新形势的需要;另一方面可以从产品的角度进行研究,使产品最大限度地符合人的各种需求。

2. 继承与创新的原则

公共设施设计是创造合理、科学、高效、舒适的生活方式,这本身就是一种创造性行为,是人类在对自然理解、尊重和强化的基础上的一种设计意识和设计行为。尊重自然,尊重空间本身的文化肌理,可以理解为继承,继承是对整体空间形态和文化发展脉络的把控。在此基础上,公共设施设计中应当妥善处理局部与整体、艺术与环境的关系,力图在功能、形象、文化内涵等方面与环境相匹配,创新公共设施形象。

3. 生态绿色设计的原则

现代工业文明社会日益突出的能源、生态、人口、交通、空气、水源等一系列问题,越来越受到人类的关注与重视,生态绿色也被提出作为现代社会建设的总体指导思想。在公共设施设计行为中,注重生态环境的协调均衡和保护非常重要,它是人类对自然适应、改造、维护而建立起来的人与环境的系统性过程,环境制约着人,人也影响着环境,地球环境的透支与破坏使生态要求成为新的历史课题。

生态文化是一种可持续发展的高品质的生活方式,将在我们未来的生活中发挥积极作用,并且也将在物质和精神层面完善传统文化,打破传统思想的桎梏。生态文化指导下的公共设施设计,既要尊重传统、延续历史、传承文脉,更重要的是需要突出时代特征、敢于创新、求真探索,只有这样,社会文明才能持续发展。

4. 可持续发展的原则

公共设施作为可持续研究的核心思想是将社会文化、生态资源、经济发展三大方面平衡考虑,以人类生生不息为价值尺度,并作为人类发展的基本指针:首先,应研究公共设施环境的发展规律,寻求过去—现在—将来的时代环境特征,既保证环境中公共设施的有机与和谐,又使之可以在今后的若干年内有良好的发展;其次,应充分考虑环境中公共设施设计中自然与人两方面的影响因素,不能仅仅考虑人的需求,还应尊重环境的自然构架；最后，应充分研究人类在物质环境、精神环境下的文化、风俗、审美的需求，寻找共性与个性，并在公共设施的设计中有效地表现出来。

5. 注重科技发展的原则

公共设施设计是一项系统工程和实用工程，不仅可以提升空间环境、文化方面的品质，还可以提高社会的整体素质和水准。现代科技水平的提高无疑使公共设施的设计有了更多可能性，使得公共设施的展示系统、信息系统、卫生系统、交通系统等有了更高效、直观、节能、环保的特点。例如路灯的设计，可用太阳能发电供给照明，无须安装地下电缆，节省人力又可节约能源；洗手台出水口的红外感应探头可保证水能源不被浪费又可使造型优美流畅。新的科技与工艺、新的材料与艺术手法赋予了公共设施设计新的内涵。

第二节　公共设施设计的方法及流程

一、公共设施设计的方法

（一）城市步行街公共设施的设计方法

1. 城市购物步行街的设计

（1）城市购物步行街的概念。购物步行街是指具有舒适且有魅力的步行者空间的商业步行街道。

步行街的建设是以人为主体的。随着汽车的普及，商业用地内的环境日益恶化，出现了诸多功能障碍，其结果是市中心人口外流，从而导致商业不振。在这种情况下，中心商业用地内导入了步行者空间，进行购物步道的建设，并尝试创造舒适的购物环境。

（2）城市购物步行街建设的法律制度。根据道路法规定，商业的步行空间有两种形式：一是步行专用道路，二是进行时间管制的步行专用道路。

在商业步行街专用道路的建设，较多的是对现有的道路进行改造，同时对周边道路网进行调整。这种步行道路很早以前就用于商业街中，并作为一种比较容易融合的方式固定下来。

对于购物步行街的整治手法，除了建设步行街专用道路的铺筑工程外，还要对个别商店进行改造，对路面上的（又称街道上的）家具，如装饰、街灯、顶棚、拱架等公共设施进行整治。

（3）城市购物步行街建设的基本条件。购物步行街建设的最终目标在于地区交通环境的改善和商业街的人性化设计。因此应对公共空间的商业街进行环境整治。通过创造舒适的步行空间，使商业街被重新认识，并成为市民休闲娱乐、交流的场所。

由于步行街中禁止车辆通行给周边交通带来负面影响，所以有必要对周边地区的交通进行分析。另外，还应该研究地铁、汽车等公共交通的路线以及停车场整治等相关事项的衔接问题。

商业街道路一般宽度较窄，因此设计要素也受到了一定的限制。如何突出路面上的设施也是整治的重要内容。

步行街的整治不仅仅要考虑限定道路设施，还要考虑整合沿街、公园、河岸设施，在要求店面统一、创造新街景的同时，可以采用一些街角广场的设计手法丰富公共设施与活动空间。

虽然步行街是步行者的活动空间，但在紧急情况下，也应该考虑消防等急救通道的预留功能。因此在路面的铺装上要有一定的设计表示。

（4）城市购物步行街的类型。根据交通形式，购物步行街可分为完全步行街与人车共存步行街。根据空间形态，可分为开放式步行街、半封闭式步行街和封闭式步行街。

1）根据交通形式的分类。①完全步行街，完全禁止机动车辆通行，是步行者的专用购物通道。原则上机动车是不允许进入的，但可根据具体情况按照时间安排允许某些车辆通过或进入步行街，如物流配货、紧急救援车辆等。②人车共存步行街，是原则上只允许电车等交通工具通行的步行空间，是在国外常见的一种步行街形式，也有人将其称为半步行街。

2）根据空间形态的分类。①开放式步行街，道路上没有任何构筑物体的步行街，这是最普通的形式。开放式步行街与带有顶棚的街道相比，在植物的种植上可以更加灵活、自由，对营造宽敞明亮的商业步行街氛围也更为有利。②半封闭式步行街，由沿街两边的建筑物挑出顶棚的一种形式，也被称为带悬挑式顶棚的道路，在我国南方多雨的地区较为常见。在进行整治过程中也有保留旧式顶棚的实例，但在这种情况下，一定要注意与周围的环境相协调。

2. 城市步行者专用道的设计

（1）城市步行者专用道定义与功能。从车道独立出来的步行空间中，有步行者专用道路和绿道。不论哪一种道路在空间上都是与车道分离的，都以确保步行者的安全为首要目的。

步行者专用道路和绿道中的步行活动，主要包括上下班、上学、购物以及闲逛、散步等内容。步行空间也有城市开放空间的功能，因此，在步行空间中产生的活动也是多种多样的。

（2）城市步行者专用道整治手法。由于步行者专用道路和绿道的整治手法包括多方面内容，所以有必要在充分研讨用地状况和沿街条件的基础上选择适当的手法。

平面整治手法，是从全局角度进行的道路整治，它可以构成网络系统，而且容易进行理想的布局规划。

线形整治手法，是在市区内对单一空间进行整治时常用的道路整治手法，整治道路的工程有城市路政工程、城市公园的工程等。这些整治手法常常受到沿街条件的限制，在选择时有必要做充分的考虑。

（3）城市步行者专用道开发手法。在进行步行者专用步行道、绿道的整治时，要想获得新的用地，是相当困难的。事实上，无论采用何种手法，确保现在的用地才是最重要的。

1）河川堤防的利用。自古以来河川堤防就是人们欣赏自然风景、安静休息的场所。因此，将城市中的主要河川沿岸规划为步行空间是目前最常见的整治开发手法。

2）中小河流水路沿途的利用。对水路两侧的公共用地进行调整，无论是从空间的延续还是从空间的利用上看都是一种很有意义的开发手法。

3）河流暗渠化和填河造地的利用。对下水道的整治使河流应有的功能发生了变化。河流如需要进行填埋，或从公共卫生角度考虑不得不进行暗渠处理时，可以利用河流上方的空间进行步行空间设计规划。这种特色的手法在于河川以"堤""河滩""流"的形式出现。

4）轨道遗址的利用。利用废弃的铁路用地可以得到比较连续的空间，同时结合周边条件能够创造出具有魅力的城市环境。

（4）城市步行者专用道多元化空间的创造。进行步行者专用步行道、绿道的整治不单单是要确保安全通行的舒适空间，其整治目的是根据沿街的状况以及现有的条件、节假日活动的内容去创造空间。

1）寂静的空间。在商业地区等城市比较活跃的场所，有必要设置与其具有互补功能的寂静空间。

这类空间通常是与该地区主要道路并行，并稍稍内向的小巷空间。在那里人们可以从喧嚣嘈杂的空间当中解脱出来。

2）交流空间。在汽车出现之前街道曾是地区交流的活动场所，这种空间不只是交通空间，也是驻留空间。购物或经过的人们可以安心地行走，不用担心烈日骄阳和雨雪天。

3）带状绿地。城市中种植大量的植被，很难满足大家对自然的向往。没有考虑种植创造空间，而只是形式上的种植，无法给人们美感和宁静。事实上，植物隐藏着一种潜力，植物的空间可以成为人们驻留、过往、交流的场所。连续由树木组合的步行者专用道路和绿道自然具有带状绿地的形式，是人们易于接近的绿地空间。

3. 城市步行街道的铺装材料

体现步行道铺装特征的最重要的元素就是铺装面的材料。表面形状上具有块状形状是理想的铺装材料，如石块、砖、木块是自古以来的步行空间铺装的首选。

（1）小石块铺装。小石块铺装是将花岗石切割成小石块，将它铺在基层上。排列法主要是直线形、弧形、圆弧形。欧洲的广场或者小街道和步行街铺装小石块的居多。

（2）组合铺装。对于步行空间来说主要是色彩的搭配组合，在商业区，创造出它的图案性和缓和感，即使形式烦琐些也无大碍。而居住区的块状铺设要单纯些，要将半静朴实的日常生活氛围表现出米，并且要具有防滑的特点。

（3）信号块铺装。人行道路面的信号氛围是步行者及车辆两者传送信息和导向传送的路面信号，包括步行者专用空间的块状铺装、十字路口的人行横道和导盲路线的点字块状铺装。

人行横道表面通路基本是白色系，点字块状多使用黄色系，对比明显，步行者一目了然。

（二）城市路面设施的设计方法

在街道路面的设计中，要注意细节的重要性。不仅包括细部设计，还包括具体的尺寸、形状、材料、色彩等。没有经过严密的细节研究的设计只等同于简单的提示主题，算不上真正意义上的设计。

要追求路面景观效果的特征及固有性的设计，重要地点、场所，材料的灵活运用以及地形的起伏、斜坡，水体等的巧妙运用。

铺装材料的选择是必不可少的。路面的自然坡度对步行者有一定的安全隐患，通过路面的设计角度与铺装材料的合理搭配完善路面等功能型设计主题。

1. 城市路面的构成

（1）人行道。

1）通道的设定。当人行道有几种不同的铺装面构成时，各个不同的铺面应能反映和表现各自的功能、要求及特点。这里首先要考虑的是人行道上通路的设计，可以采用直线、蛇形、曲折等几组图案，还需要考虑实现集中的焦点与其铺装面和构成要素之间的关联、形成外观形象的问题。此外，在通路上不一定必须根据步行者的流量来设计宽幅，也可以基于引导步行者的目的而设计。

2）领域的划定。为了构建能担当某些功能的场所，可以利用铺装面将领域划分。

3）不同铺装形成的功能分区。当改变铺装时，还可能形成交通用地和预留用地，这不仅仅是通行带和设施带空地的区分。在作为需要突出的树木或路上设施的周围，往往需要强调铺装，以此来赋予它们很强的意味。铺装中的镶边是为了保护端面和基础不受到外力的变化而改变，其材料也是将所覆盖的表面进行区分而设计的。同时它又使相结合的两个部分在功能上加以分离，以强调方向性与流动性。

（2）步行道。铺装是对于沿街条件良好相对而言的设计，有高差的车道另计。对于有一定高差的步行道，多将混凝土石块（马路牙子、道边石）作为人行道缘石。

（3）侧沟及井盖。

1）侧沟。对于步车道分离的道路来说，侧沟大多是在车道边利用与缘石一体的水泥块构成。在设计路边侧沟时，一般将它看作建筑物与道路的连接点，将它作为道路与路外在视觉上的联系来设计。

2）井盖。下水道井盖也是重要的路面构成的结构元素。可能由于不能随意确定位置，大多情况下井盖都没有规律可循，会将路面的构成打乱，这在老城区体现得比较多一些。

（4）坡度。

1）步道横向上的坡度处理。在人行道横断方向的某一段设置坡度，使之缓慢向下与车道相连是一般的处理方法。对于一般人行步道之间产生的道路轴线方向高差可以采用坡度相连或形成垂直高低差两种方法进行处理。无论哪种设计都要力求达到步行便捷的最终目的，同时还要考虑感官效果。

2）栽植带部分的坡度处理。由于人行道缓坡而在横断方向上产生的坡度，是造成行走困难的原因之一，为避免这类设计的发生，在栽植带幅宽范围内进行坡度处理是很好的方法之一。

3）步道内纵向上的坡度处理。如果延道是停车场所，不必同一般车道保持相同的高度，在纵断方向上设置缓坡道即可，从方便行走的角度来说，这种方法不会在横断方向产生坡度。

（5）水渠。为了带来更多的温湿度以及给儿童提供游戏场所等，可以间隔地设计水渠。这是步道典型的自然风格设计。无论怎么做，只要与道路整体的气氛相一致就是成功的。

（6）自行车道。在设计自行车道的时候，通常希望与人行道、车道完全分离，如果是在车道上设计自行车道，除了白线以外，最好加以能提醒骑行者注意的醒目标识。在外观上最好采用不同材质进行铺装，色彩上也要进行不同的处理。

2. 城市路面铺装的材料

（1）材料的性质。在选择铺装材料时，要注意适合步行者交通的材料特点以及停车带和步行混合带两者共同具有的特性。人行道铺装的目的是创造适合步行者行走的路面，即提供易于行走且舒适的路面。

（2）对材料的要求。

1）强度与耐久性。铺装材料首先要有足以经受交通负荷的压弯强度。理想的路面应该为耐磨耗性大、无褪色性、无其他不良渣滓和冻结破坏性状，用于产业工厂等处时还要有较强的耐油性。

2）步行与车行性。铺装必须平坦、不易打滑。晴天不反射阳光。夜间与雨天也要有相对良好的车行性。

3）适应性。铺装面的色彩和平面图案、尺寸和模数等的可选择性都很大，要选择对平面形状和坡路适应性良好的材料，同时适应性要满足施工技术简单、无噪声、中断交通时间少、工期短、耐热、耐寒、耐雪等要求。用于人行道时，要考虑其透水性，利于行道边上树木的成长。

（3）材料的种类与特征。表面的材料分类主要有柏油铺装、混凝土铺装。块状铺装细分为石、砖、木、混凝土、沥青五种。石材分为板石材、小石子铺面。砖材分为普通砖和陶板砖两种。随着社会的进步，材料也在不断地多样化。

1）沥青铺装。道路面是沥青混合物铺装的叫沥青铺装。一般沥青铺装有良好的路面平坦性、平面形状的适应性、路基的多选性等特点，并且尺寸模数的可选性大，路床的适应性强等特点，并且施工快。由于沥青是黑色的，所以拥有街道的背景色（基础色）的特征。同时沥青还不反射强光、耐脏，唯一的缺点就是在高温情况下会造成局部蒸汽，如小型海市蜃楼，行车的时候要小心。

彩色沥青铺装是将沥青铺装着色，施工方法为：①在沥青混合料中加入颜料，经混合加热的铺装法；②沥青混合料和彩色骨材混合加热混合的加热法；③混合加热型的特殊沥青铺设后，立刻在其表面压入彩色粒材的碾压法；④彩色粒材主要为人工粒材，有时也采用天然的。

2）混凝土铺装。混凝土铺装是在路床上使用混凝土浇灌技术铺装路面。混凝土有良好的耐磨性、耐寒性、透水性、耐油性、耐冻性，多半在北方寒冷的路面街道、高山路面使用。

另外，混凝土作为灰色体，阳光反射强，适合冰雪路面，加速融化路面积雪。但是混凝土施工工艺难，施工周期较长。

3）陶板铺装。在混凝土板的表面上，先垫上砂浆，后压上陶板，就形成了陶板铺装，可用于人行道路面及小型车辆的路面铺装，其特点是耐久、平坦、色彩多、材质强，但有反射阳光强的缺点。初期建设费用偏高，但补修时较为经济。

4）透水性铺装。透水性铺装是一种特殊的铺装方法。它在减少降雨的表面积、帮助树木成长、降低地表温度、阻止地基下沉等方面都很有效。透水性铺装能使雨水直接渗透到路床，顺着路面的一定铺设角度汇集到路边的侧沟渠里。

透水性铺装由于具有无积水、防滑、不用降低透水性就可以上色等特点得到国家的大力推广。

（三）城市公共设施绿化的设计方法

1. 城市绿化种植的原则

"植物作为一种软质景观要素，其设计手法的独特性、内容的丰富性及环境的生态性给城市街景带来了美学与活力的提升。"街道的栽植关键在于与街道景观构成相融合。作为街区的骨干街道，拥有与其他位置相符合的整齐而单纯的街道栽植。当然也有必要选择那些树高、树形整齐的树种。以上标准也适用于商业区的要求，但与骨干街道的要求相比则可适当放宽规格，在景观上将两种性质的不同表现出来是必要的。住宅区的街道栽植又与以上两种不同，对花草及四季植物的变化有要求，让人们在不同季节享受到不同植物的景观。此外，在标志性的街道或具有特殊性的街道上设计特征明显的栽植是必要的。

当然，街道的性质还反映在街道的宽度上，适合道路宽度的栽植会更加体现上述原则。

2. 城市绿化乔木、灌木的选择

乔木在街道栽植中是最常见的。这是因为与植物在平面上的扩展相比，立面上占有空间的栽植更能有效地强调景观的效果，街道空间也能更充分地利用。也就是说在宽阔的街道上，尽量利用榉木、银杏、百合树、七叶树等有高度的乔木栽植。当然树的高度是有限的，当这些植物不足以满足栽植所在的街道的空间比例要求时，就产生了增建栽植带的必要性。

夹竹桃等亚乔木的栽植适应性强，大紫树、大花六道木、海桐花等灌木栽植则适用于更狭窄的道路，它们都适合住宅区的街道。

有的街道栽植区间隙大，由单一树种构成，也是为了满足在街道景观构成上尽量单纯的栽植效果的要求。乔木栽植和灌木栽植的组合被设计成单纯的栽植构成时，通常灌木栽植在中央隔离带，而将乔木栽植设置在步道车隔离带。

3. 城市绿化栽植的形式

街道种植在原则上采用单纯的栽植构成，即将单层的列植栽植作为基础，有时可使用密植栽植、独立栽植、重层的列植栽植。使用混交栽植时，切记将混交效果体现出来。因此，要考虑修剪栽植还是非修剪栽植的自然风格更好些，还要依照道路的功能性构成因素来选择栽植的种类。

（四）城市街道照明的设计方法

1.城市街道照明的方式

出于交通安全的考虑，在设计机动车道的照明时，应使光线尽量均匀地照射在路面上，但在人行道上似乎没有这个必要。比起均匀高强度的照明方案，一处处集中配光的构思更有韵味。此外，机动车与步行道的照明应该相区分。

照明发光部位的高低不同，会产生各种各样的不同效果。我国街道照明的发光部位一般比人的视线要高。有时根据场所的不同，也可以采用低位照明，比如小区里的步行道边际照明灯、广场周边的草坪灯等。

高位照明能照射到更广泛的街道范围。被照亮的路面以及沿街成串的路灯，构成了独特的街道夜景；在白天，发光部位也是街道上必不可缺的景观设施。因此在支柱的设计上与灯光的调整上也要考虑整体景观的融合性。

脚灯适合于小范围的街道照明。因此，如果要实现连续的街道照明，需要一段间隔地连续设置。

2.城市街道照明的注意事项

道路照明本来的功能是将路面变得明亮，多数情况下，在夜间才能发挥作用。在照明设备中，发光部位才能真正起到功能作用。白天我们注意到的只是支柱（俗称电线杆子），所以照明设施就要从两方面入手，即夜间和白天的表现。

（1）夜间。道路照明不只是每个个体的照明，它还形成连续对等的排列形式，在街道的空间中，勾勒出街道的曲线。作为美化人行道路的方法之一，集中配光可以使路面显得整洁，空间显得深邃。因此在灯具的下方尽量不要放置多余的设施。随着距离发光部位越远路面会渐渐变暗，为了表现这一设计效果，路面上尽量不要使用华丽的装饰物。

要使光线排列得更整齐、美观、大方，灯具排列就不能呆板，要在光的排列上勾勒出平滑的线条。总之，在视觉范围内尽量统一发光部位的设计构思，特别是曲折的街道路面上更能体现沿线的线条美感。

（2）白天。支柱的色彩搭配与周围环境的融合是首先要考虑的。支柱设计得再优秀，不能跟周围的环境相融合也会破坏街道景观。在设计支柱色彩和构思的时候一定要符合街道的基调。

1）支柱色彩。一般情况下，华丽的色彩使街道给人一种明亮的感觉，但支柱的亮度过高会产生喧宾夺主的感觉。使用低亮度、低色彩的色调，容易给人一种昏暗的感觉，但就细的支柱来说使用这样的色调恰好能使景观显得整齐紧凑。通过色彩的选择，可以体现道路景观的整体感。还有就是同街道的护栏、灯具、路墩相协调给人一种相互统一整齐的环境氛围。一般情况下这种色调选择较朴实为好。

2）支柱设计。支柱设计最重要的是整体性与协调性。要以统一沿街建筑物的造型及街道上的设施为设计思想，设计要随着周围环境做设计。要与周围的环境格调相互融合。选择支柱样式的关键在于和周围各类街道铺路及周围景观上的统一，使人觉得支柱就是这里的一部分设计。

（五）城市雕塑的设计方法

1.特征雕塑设计

历史上不同年代的雕塑记载不同时期人们的生活条件、状况与精神追求。看不同时代的城市雕塑就像读不同年代的教科书，每个时代都给人以不同的思考和借鉴。任何一座城市都是历史的产物，都有着不同于其他城市的历史传统。而在每一座城市的背后都隐藏着丰厚的人文历史与典故。"现在人们越来越重视城市公共空间雕塑的互动性，公共艺术因此迅速崛起，这也使广大民众的雕塑艺术欣赏水平越来越高。"

（1）人文性。任何一个城市都有其自身的发展规律。它的历史背景、经济发展、人口状况等因素决定了其特有的文化氛围。城市的文化氛围在某些程度上决定了其城市雕塑的基本状况。

（2）地域性。地理位置及周围环境决定了城市雕塑的形式与特征。不同的地域文化和环境背景决定雕塑的内容和形态。

（3）时代性。每个时代都有其独特的历史特征，是和当时的经济、文化、军事状况和人的追求分不开的。同时，在不同的时代里，艺术的演变与成就也是不一样的。雕塑艺术就是以其独特的艺术形式，展现了不同时代的风貌与格调。雕塑风格的演变与丰富同时也是时代演变的产物。

2.纪念性雕塑设计

所谓纪念性雕塑是以历史上或现实生活中的人或事件为主题，也可以是某种共同观念的永久纪念，用于纪念重要的人物和重大历史事件。这类雕塑一般多在户外，也有在户内的。户外的这类雕塑一般与碑体相配置，或雕塑本身就具有碑体意识。

纪念性雕塑是一种与广大群众联系紧密的、最生动活泼的、有效的宣传教育方式，通过纪念性雕塑再现的伟大历史事件以及塑造的杰出的历史人物，来显示一个国家和民族的崇高理想。人们从纪念性雕塑的艺术形象中了解过去，接受潜移默化的教育，从做出伟大贡献的历史人物形象中受到启迪和鼓舞，振奋精神。纪念性雕塑与园林、建筑相互衬托，对周围环境起着装饰、美化作用。

3.公共景观雕塑设计

城市景观雕塑，我们可以简单地理解为存在于城市公共景观环境中的雕塑，因而我们又称它为公共雕塑、景观雕塑或环境雕塑。城市景观雕塑一方面用于城市的装饰和美化；另一方面，它也是城市文化的一种重要载体。城市景观雕塑的出现不仅丰富了城市的景观，同时也丰富了城市居民的精神享受。一座优秀的城市景观雕塑可以成为城市的标志和象征的载体。

人们的生活离不开艺术，艺术体现了一个国家、一个民族的特点。城市景观雕塑一般建立在城市的公共场所，它既可以单独存在，又可与建筑物结合在一起。从某种意义上来说，室外景观小品就是我们所说的公共艺术品。城市景观雕塑也是一种公共艺术品，具有美化环境、标示环境区域特点、提高整体环境品质和实用等一系列的功能。

城市景观雕塑，无论是在实用性上还是在精神上，都要满足人们的需求，在设计中要考虑到它的功能因素，要以人为本，满足各种人群的需求，充分体现城市的人文关怀。

（1）生态。在进行城市景观雕塑作品的设计时要尽量考虑采用可再生材料来制作，这样可以从思想上引导和加强人们的生态保护观念。

（2）情感。好的城市景观雕塑作品应注重当地的地方传统、历史文脉、记忆的想象体验和价值，从而构成独特的、令人神往的意境，使观者产生美好的联想。

（3）特色。每件东西都有自己独有的特色，城市景观雕塑也是，因而在进行设计时应结合当地区域环境的历史文化和时代特色，以及当地的一些艺术语言符号，设计出具有一定本土特色的城市景观雕塑艺术品。

4.园林景观雕塑小品设计

园林景观雕塑小品是园林景观中的点睛之笔，它既具有实用功能，又具有精神功能，它可以起到点缀、装饰和丰富园林景观的作用。在设计园林景观雕塑小品时，应与周围的环境相协调，同时也不要忽视它的精神功能，避免设计出来的作品缺乏美感。在设计园林景观雕塑小品时，需要注意的问题还有很多，一些政治性、纪念性、交通方面的园林景观雕塑小品，可以采用对称构图，商业步行街就可以采用非对称构图。具体采用哪种构图方式，可分具体情况来定。

（1）比例与尺度。比例是控制园林景观雕塑小品形态变化的基本方法之一，它应该和功能审美的要求相一致，和环境相协调，而且必须亲切宜人，不要给人造成压抑感。

（2）创意和表达。园林景观雕塑小品设计要明确立意和构思。

（3）单体和全局。单体是指单一的小品形式，全局是指园林景观雕塑小品所处的整体环境。

（4）整体和细部。对整个设计具有全面的构思，然后由整体到细节逐步深入。

（5）对比关系。包括大小的对比、色彩的对比、几何形状的对比等。

（6）节奏与韵律。主要是物体的形、光、色、声等。

（六）城市公共设施街路围护的设计方法

1. 城市街路人车分离设计

人车分离设计的好坏直接影响到行走环境的氛围。除此之外，由于道路铺设的不同也产生各种各样的人车分离方案。白色的路灯、路墩提示区域性，与路面古朴的铺装相对统一，提示主题。

当人行道和机动车道之间在高差的设计上出现困难时，就不得不考虑使用附属设施了。在附属设施中路墩是比较开放、明确、便捷的一种设计，而护栏就相对不太自由。曾经在机动车专用车道上使用的那种俗气的护栏，这些年已经很少用了。

2. 城市街路护栏设计

（1）行走环境的处理。在街道上像以前那种呆板的护栏基本上看不到了，取而代之的是给人扶手般感觉的、舒适的全新行走环境。使用较小部件的扶手护栏，是为行人考虑得更加周到的设计。出于对行走便利的考虑，护栏应该尽量靠近机动车道一边放置，给人行道留出足够的宽度。

（2）色调和构思的处理。护栏不是街道的主角，是在不得已的时候才采用人车分离的设施。因此，在使用时要用心设计，关键是充分考虑街道氛围和风格，不要过分强调自我特色，同时尽量避免和周围设施的设计风格发生冲突。

由于色彩对街道景观的影响比较大，在色彩选择上要更加注意。护栏的颜色最好采用材料的原色，如果选择涂饰色彩，则必须注意颜色的亮度、彩度对街道景观带的影响。高亮度、高彩度的颜色适合于明快的街道风格；但是很容易和周围的颜色发生冲突，使用低亮度、低彩度的护栏，虽然容易在直觉上给人昏暗的感觉，却不容易和周围的颜色发生冲突。

3. 城市街路隔离墩设计

我国使用路墩代替护栏来实现人车分离的例子越来越多。日本等发达国家及地区早已普及这种人性化的便捷设计方式。

（1）基于行人的考虑。

1）人车共存的协调护栏是为了防止行人和机动车辆相互影响而设计的。相对于护栏，路墩更多地考虑人的行走习惯，防止机动车开到步行道上，人又能自由穿越该阶段道路空间。

2）基于行走便利的考虑，在设计路墩的时候，必须注意它与其他路边设施之间的位置关系，如可以考虑路墩与路灯等设施共用一个位置。

3）基于停歇休息功能考虑，可以将路墩做成小凳子形状或长椅的形状代替。设计上需要注意的是，路墩要设计成适合的高度。

（2）基于色彩的考虑。和护栏一样，路墩也不是路面景观的主角，为了不使街道景观凌乱，应该尽量避免极具个人想法的设计。在色彩和构思上，尽量考虑如何与周围环境相融合。

1）为了显得自然大方，在路墩的选择上应尽量采用材料的原色。在选择原料前应预先考虑如何与地面色彩及周围环境相吻合。

2）路墩不是街道的主角，所以尽量采用设计独特的作品引人注目，进行驻留。

根据以上观点，构思上还应该注意：在路墩设计的案例中，要想使竖直向上的路墩给人以整洁的感觉，必须在它的底部做文章。路墩根部的处理最重要的是不要露出安装痕迹。此外，可通过路墩底部的精心设计（嵌入式带状的凹槽等）使路面显得平整。

竖直向上的物体容易给人一种无休止地向上延伸的感觉。因此如果高低和粗细的关系处理不当，容易给人不稳定的感觉。在这种情况下，要显得稳重，就要在路墩的顶部进行修饰，能使路墩看上去牢固地嵌入地面。路墩和护栏有区别，为了不造成视觉上连续的感觉，精力应该集中在个体设计上。但是一旦放置在街道上，大量的路墩还是给人一种异样的感觉。

路面和路墩上其他设施之间的协调共存，也是使用路墩实现人车分离前要解决的重要问题。

二、公共设施的设计流程

（一）公共设施项目确定与书面策划

公共设施的设计开发过程通常可划分为策划、调研、初步设计、深入设计、施工和市场开发等阶段。在策划阶段要提出明确的设计要求并给出项目的可行性报告。

1. 公共设施项目规划要求

拟订开发的公共设施，要提出合理的设计要求来指导设计展开，只有当功能要求、质量指标、经济指标、整体造型、环境协调性等各方面都能满足时，这才是一个合理的设计。一般来说，主要的设计要求如下：

（1）功能要求。功能要求是指公共设施的实用和美学功能。功能要求是否合理可从三个方面来分析：一是人对实用功能的需求；二是人对美学功能的需求；三是从技术可行性上分析能否满足这些方面的需求。

（2）适应性要求。适应性要求是指当环境，例如地域、气候、温度、文化背景等发生改变时，公共设施的适应程度，并提出如何才能适应这些变化。

（3）人机关系要求。人机和谐是产品的硬性要求，只有方便舒适、操作方便、符合使用习惯、造型美观的公共设施才能吸引人的使用和爱护。

（4）寿命要求。使用寿命要求具有重要的经济意义。公共设施种类不同，对其使用寿命的要求也不同，有的是更新换代较快的设施，有的是耐久性的公共设施。针对不同类型的公共设施对其使用寿命的要求选取不同的材料和技术。

（5）成本要求。公共设施虽然是一项利民措施，主要目的是便利大众，但成本投入不可忽视，不计回报的高成本投入也会造成资源浪费。例如垃圾箱的设置是为了倡导人类爱护环境，并节省人力清洁的投入，但过多的垃圾桶设置则会造成浪费，材料的选择上也要考虑经久耐用的材料，避免经常更换。

（6）安全防护要求。公共设施提供人的使用，不仅应保证人的使用安全，也要考虑产品的安全。例如带电的公共设施应考虑触电保护、过载保护等。

2.公共设施项目可行性报告

项目可行性报告是对设计要求进行详细分析后总结出的文案，它是对公共设施设计的方向、市场因素、要达到的目的、项目前景等做出的一系列说明。这一报告的目的是设计方向投资方做出的关于设计过程中可能出现的问题和状况的提前告知。

（二）公共设施市场调研

市场调研伴随着整个公共设施设计的过程，调研主要分为现有公共设施调研、人为使用公共设施情况调研、公共设施的使用率和使用寿命的调研等。通过对品种的调研，搞清同类公共设施的使用情况、流行情况以及市场对新品种的要求，并对现有公共设施的质量、使用者的年龄组定位、不同年龄段人群对审美的喜好、不同地区的使用者对设施的好恶、国内外对同类型公共设施的设计情况都要收集。

1.公共设施市场调研的内容

一般来说，包括以下内容：

（1）有关使用环境的资料。

（2）有关使用者的资料。

（3）有关人体工程学资料。

（4）有关使用者的动机、欲求、价值观的资料。

（5）有关设计功能的资料。

（6）有关设计物机械装置的资料。

（7）有关设计物材料的资料。

（8）有关的技术资料（科技、环保、绿色、生态）。

（9）市场状况资料。

2.公共设施收集资料的方法

（1）问卷调查。问卷调查的方式可分为面谈调查、电话调查、网络调查、留置问卷等，通过问卷调查的方式分析不同年龄、不同职业、不同文化背景的人群对公共设施不同的看法。

（2）观察法。在现场观察的方法，被调查者在不知情的情况下的动作和反应是最真实和自然的，可对使用者的行为进行观察，可观察到使用者对公共设施的喜爱程度，为新设计提供方向；还可观察使用者的操作方式，可收集到使用者在操作过程中的程序和习惯，为改进公共设施的结构提出依据。

（3）查阅法。通过查阅书籍、文献、资料、网络、广告等，来寻找与设计内容相关的信息与情报。

（4）实验法。可将设计出的半成品交由受测者使用，将反馈回来的资料总结分析，做出改进方案。这种方法虽然科学，但耗时长且成本较高，须谨慎使用。

（三）公共设施方案设计

1.公共设施方案设计初步阶段

市场调研和分析之后应进入方案设计的初步阶段，方案的初步设想与目标决定了设计水平的高低，通过调研得来的数据与结果应是指导设计的依据。从自然科学原理和技术效应出发，通过筛选，找出适宜于实现预订设计目标的初步方案。此阶段应是提出问题的阶段，在调研的基础上，设计师应发挥敏锐的察觉力和感知力，发现问题所在。发现问题的所在是为了寻求解决的方向，只有明确把握了人机环境各个要素间应解决的问题，才能提出解决问题的方法。

此阶段也可称为概念设计阶段，如何找到解决问题的最佳点，就要求设计师具有创造性的思维。有了概念性设计，设计方向变得明确，设计目的更加清晰。

2. 公共设施方案设计深入阶段

深入阶段是将初步方案具体深化为最终方案的过程。相对于概念方案的创新性，本阶段的规则性、合理性更为重要。深入阶段工作内容较为复杂，其中有三个核心问题需要解决：一是总体设计，包括总体布置、人机关系；二是结构设计，包括内部结构、选择材料、确定尺寸等；三是造型设计，用造型设计方法对公共设施的形态、色彩、风格样式等加以研究，提高公共设施的附加价值。

（四）绘制构思草图、效果图、设计制图及设计说明

绘制阶段是将构思方案转化为具体形象的阶段，它是以初步设计方案为基础的。主要包括基本功能设计、使用状态设计、产品造型设计等，涵盖功能、形态、色彩、质地、结构等方面。此阶段的设计要精确到尺寸，公共设施设计所关注的所有方面都要重视。设计基本定型以后，用正式的效果图表现，效果图可以是手绘，也可以是电脑绘制，以便更加直观地呈现设计效果。

1. 构思草图

构思草图是将抽象的想法具象表现出来的一个重要的创造过程。它是抽象思考到图解思考的过渡，反映了对设计过程的推敲和琢磨，是设计初步有效快速的表现手段。草图在公共设施设计、环境设计、建筑设计、工业设计等领域都是必需的技术，设计草图上的文字注释、尺寸标注、色彩分析、材质表现等都是设计反复思考的过程。

构思草图一般来说分为记录性草图和思考性草图。记录性草图是设计师在收集、整理资料的过程中进行的草图绘制，这种草图特别关注一些细节的大样表达，或者记录一些特殊或复杂的结构。这类草图对设计师积累设计经验具有重要的作用。思考性草图是利用草图的绘制进行结构和形象的推敲，设计师的灵感稍纵即逝，需要快速地将其草图记录下来，加以深化，进行再构思和再推敲。它是最终方案形成的必经过程，是更侧重于思考的过程。

2. 效果图

通过草图确定了设计初步形态之后，需要用较为正式的效果图来直观地表现设计结果，效果图也是最接近真实表达的一种方式。一般来说，效果图可分为手绘效果图和电脑效果图两类。

（1）手绘效果图。手绘效果图是通过手绘的方式，基本准确地表达物体的造型、结构、尺寸、色彩、材质，主要用于交流和研讨方案。此时设计方案尚未完全成熟，需要画较多的手绘效果图来综合和甄选最佳方案。同时，手绘效果图具有独特的艺术表现力和艺术魅力，方便设计师自我审视和研究。

（2）电脑效果图。随着计算机辅助设计系统日益普及，三维软件功能越来越强大，电脑效果图成为表达设计作品的必要手段。通过计算机完成的设计作品成熟、完善，能为决策者提供审定和投入生产的依据，也可用于新产品的宣传、介绍和推广，对设计的表现全面、细致。计算机三维软件还能提供强大的材质、灯光和渲染效果，模拟出作品使用的真实状态，是现阶段公共设施设计中必不可少的效果图方法。

3.设计制图及设计说明

（1）设计制图。设计制图一般表现为三视图，其中包括外形的尺寸图、零件详图和组合图等，它是严格遵照国家标准制图规范按照正投影方式绘制出的设计图纸，用于指导工程结构设计，也为外观造型的控制提供依据，所有进一步的内部设计都应以此为依据，不得更改。

（2）设计说明。设计说明也可称为设计报告，是用文字、图表、照片、表现图及模型照片等阐述对公共设施设计过程的综合性报告，一般作为交由决策方做最后审理和定夺的重要依据。制作报告需要内容全面、精练、排版精美，内容一般包括：①封面。封面包括设计标题、委托方、设计方、时间、地点等。②目录。目录包括所有内容，注明页码。③计划进度表。一般用表格标明每个时间段，表格设计清楚易读，可用不同色彩标明时间进度。④设计调查。主要包括对现有公共设施、国内外同类型公共设施、人的需求和喜好、地域历史文化背景等内容进行调查，可用文字、图表、照片等将调查结果提炼。⑤分析研究。对调查结果现状进行使用现状分析、材料分析、功能分析、结构分析、使用习惯分析等，从而提出设计目标，确定该设施设计的风格定位。⑥设计构思。该阶段主要用草图、注释、草模等设计手法深入反映这一设计内涵。

第三节　公共设施的无障碍及创新设计

一、公共设施的无障碍设计

（一）道路无障碍设施设计

道路的无障碍通行是连接各个空间的动脉，其中的无障碍设施要尽可能齐全，否则将对行动能力低下者的出行产生极大的影响。道路的无障碍设计要符合以下基本要求：

第一，人行道宽度应设计合理。由于电线杆、广告牌的设置，为了确保轮椅的正常通过，人行道净宽不低于2m，尽可能保证两台轮椅并行。

第二，在十字路口、街道路口应构筑不同形式的缘石坡道。缘石坡道表面应选用粗糙的石面，寒冷地区还应考虑防滑。

第三，人行道的纵断面坡道应小于20°，如果大于这一坡度则应控制其长度，并增加地面防滑措施。

第四，在人行道中部应设计盲道，采用不同的微微突起的地面铺装表示行进盲道和提示盲道，引导盲人行走。

第五，在人行道坡道处或红绿灯交通信号下应设置盲人专用按钮、电磁性音响（蜂鸣器）和语音播报装置。

第六，人行天桥和地下通道台阶高度不得大于15cm，宽度不小于30cm，每个梯道的台阶数不大于18级，梯道之间应设置宽度不小于1.5m的平台，其两侧应安装扶手并易于抓握。

第七，建筑出入口应设置供残疾人使用的坡道，坡道宽度约1.35m，出入口应留有长约1.5m，宽1.5m的空间供轮椅回转，门开启后应留有不小于1.2m的轮椅通行净距离，门开启的净宽不小于0.8m，不可使用旋转门、弹簧门等不利于残疾人使用的设施。

（二）楼梯、走道无障碍设施设计

楼梯是垂直通行空间的重要设施，楼梯高度不得大于15cm，梯段高度1.8m以下较为适宜，超过的话应设计中间休息平台。楼梯踏步3步以上须设两侧扶手，高度在85～90cm，扶手要保持连贯，在起点和终点处要水平延伸30cm，宽度大于3m时，须加设中间扶手。此外，梯步应选择防滑材料并在外边沿设计踢板或防滑条。

走道宽度视人流情况而定，一般内部公共空间走道宽为1.35m、1.8m、2.1m不等，室外公共空间走道会更宽一些，以保证两辆轮椅并行的宽度。楼梯、电梯、转角等处设护条。对人行道的交叉转折处、车行道坡度、道路的小处设施、绿化、排水口、标牌、灯柱等都做出妥善处理，免除无端的凸出形成障碍，以提供最大的安全服务。每条街道和地铁站出入口都有专用盲道，用30cm×30cm的方砖铺成，不同的点状和线状凹凸表面提示盲人前进、转弯、注意等。

（三）出入口及门无障碍设施设计

出入口及门通常是设在室内外及各室之间衔接的主要部位，由于出入口的位置和使用性质不同，门扇的形式、规格、大小各异，但对肢体残疾者和视觉残疾者来说，门的开启和关闭则是很困难的，容易发生碰撞的危险。适用于残疾人的门在顺序上应该是自动门、推拉门、折叠门、平开门等。出入口内外留有不小于1.5m×1.5m的回旋空间，门开后的净宽不应小于80cm，门扇中部应设置观察玻璃，以免发生碰撞。供残疾人使用的出入口及门应在旁边安装国际无障碍标识和盲文说明牌，还应设置盲道和盲道提示标识，方便视觉残疾者的通行。

（四）电梯和自动扶梯无障碍设施设计

无障碍电梯应满足不同人群的需要，在规格和设施设备上均有所要求，如电梯门的宽度、关门的速度、电梯厢的面积，在内部安装扶手、镜子、低位选层按钮、盲文按钮及报层音响等，并应在显眼位置安装国际无障碍通用标识。厢体面积不应低于1300cm×1800cm，这个标准也只能满足轮椅正面进入、倒退而出，在可能的情况下，无障碍电梯应该有更大的空间。电梯厅的呼叫按钮高度为1m左右，显示电梯运行层数的屏幕规格不应小于50mm×50mm，方便弱视者了解电梯运行情况，电梯厢正面扶手上方应安装镜子，方便轮椅者为退出轿厢做准备。在公共建筑，例如地铁站、火车站等的出入口处，还应设计自动升降台。

（五）交通工具无障碍设施设计

交通工具出行可满足残疾人对外交往的需求，例如公共汽车和地铁车厢内应设置轮椅专用席位，公共汽车入口应设置可升降的平台，地铁站台与车厢地面不应产生高差，地铁拉环的高度也应考虑残疾人的使用，飞机舱内应考虑残疾人能通过的通道宽度和卫生间面积，快速公交、地铁、轻轨等有空间高差的交通设施应设计无障碍电梯。

（六）停车场无障碍设施设计

停车场应设计残疾人专用车位，应尽量靠近建筑入口，有可能的话应同外通道相连并辅以遮雨设施。

"城市公共空间属于城市居民不可或缺的日常生活场所，城市公共空间能否展现人性化的空间设计目标，在根本上关系到城市居民的总体生活质量水准，同时也决定了城市宜居性与舒适性的指标实现程度。"一个城市建立起全方位的无障碍环境，不仅是满足残疾人、老年人等弱势群体的要求和受益全社会的举措，也是一个城市及社会文明进步的展示。为公众服务的空间，不论规模大小，其设计内容、使用功能与配套设施应符合乘轮椅者、拄拐者、视残者、老年人、推婴儿车者、携带行李者在通行和使用上的需求。主要在建筑出入口、水平通道、垂直交通、洗手间、服务台、电话、观众席、停车位、室外通道、人行道、过街天桥、过街地道等位置进行专门设计。

仅以占人口多数的健康成年人为对象进行的公共设施设计是不全面和不公平的，应将全体公民都能利用作为设计的标准。无障碍设施不但能衡量整个国家整体物质发展水平，还体现了国家精神文明和人文关怀的程度。人类有五大需求，即生理需求、安全需求、社交需求、尊重需求和自我实现的需求，残疾人作为公民的组成部分也应得到需求的满足，随着老龄化社会的到来，城市规划建设应使残疾人和老年人更多地享受平等的权利和生活情趣。环境中无障碍公共设施的涉及交通、卫生、信息等生活的各个方面，它体现了社会对这一群体的重视和关爱。

二、公共设施的创新设计

（一）创新设计的新概念

1. 绿色设计的概念

在新的时代背景下，公共设施被赋予了新的设计内涵，首先是公共设施的绿色设计。绿色公共设施应有利于保护生态环境，不产生污染或使污染最小化，同时有利于节约资源与能源，这一特点应贯穿公共设施生命周期全程。传统公共设施设计的生命周期只包括从环境中选择原材料，加工成产品，给使用者使用，而绿色设计除此之外还包括了对公共设施的维护、服务阶段和废弃淘汰品的回收、重复利用及处置等，这样就将公共设施的生命周期从"设计使用"延长到"设计再生"，从设计之初就防止污染、节省资源。绿色设计是在公共设施的生命周期中重点考虑产品的环境属性，如可拆卸性、可回收性、低污染性、可维护性、可重复利用性等，在满足环境要求的同时，保证产品应有的功能、使用寿命、质量等的一种设计理念。

2. 为人类的利益而设计的概念

这里说人类的利益，不仅指当下的各个社会阶层、各个群体，还包括我们的子孙后代。人类不仅要对自己负责，对周围的人负责，还要对子孙后代负责；不仅要对人负责，还要对自然界负责，对其他生物负责，对地球负责。人们对公共设施的要求主要可以从以下三个方面来分析：

（1）安全健康要求。安全健康属性是为人们的利益而设计的基本要求，不单纯追求利润，不偷工减料，要避免公共设施环保性能差，工艺落后，甲醛、重金属超标，承重构件断裂等对人造成的安全健康的伤害。

（2）高效要求。高效是根据人体工程学的设计原则，达到人、公共设施、公共环境三位一体的和谐统一。好的公共设施力求使用时符合人的功能特征，减少体力虚耗；同时公共设施的多功能、多变化、可拆装、可折叠、可移动都是高效的体现。此外，高效的属性还应建立在公共设施的区别分类标准基础之上，如儿童类、老人类、学校类、商业类、医疗类、特殊人群类等，公共设施针对不同群体的分类设计可提高产品的使用率。

（3）舒适要求。舒适不但是对人的生理功能的满足，更重要的是对人的心理需求的满足与关照。如公共座椅既要讲究坐垫与靠背的舒适性，又要能够体现民族、时代、地域文化的特点。具有个性、美观整洁、结构合理、色彩宜人的公共设施会令人觉得赏心悦目，环境倍增温馨宁静、舒适惬意。反之，则会引起人们的视觉反感，心情烦躁。

3. 简朴生活的概念

简朴生活是以适度的消费方式提高生活质量，是反对奢华、反对浪费、反对漠视资源的行为。在经历了工业社会的浮华与喧嚣之后，面对资源枯竭、生态恶化的事实，朴实安详、宁静惬意的生活方式越来越得到人们的认可和向往。尊重这种朴素的思想，以获得基本满足为标准，以提高生活质量和生活情趣为目的，进行简约的公共设施设计，摒弃浮华与多余的装饰，营造健康和谐、悠闲自然的室外公共环境。

4.从单一化转向系统化设计的概念

公共设施设计在以往一般以单体的形式呈现，如一个垃圾桶、一个公共座椅、一个路灯。但公共设施是存在于环境中的产品，设计师的思维也逐渐从大环境入手进行研究，环境内的公共设施应呈系统性，既统一又具有个性。如北京奥运会主场馆鸟巢的公共设施设计则是依托于鸟巢的造型进行了各种灯具的设计。根据环境特征统一规划设计区域内的各项公共设施，使其形成统一的信息传达和视觉传达方式，环境内的各个公共设施既相互独立又相互联系，可为空间特征的展示起到重要的作用。

（二）基于可持续发展的公共设施创新设计

可持续发展研究是近年来公共设施设计乃至各个领域所关注的重大课题。城市发展过快，人们的生存空间不断扩大，公共环境作为人们的重要生存空间存在以下问题：

第一，旧的环境不断被新的潮流替代，而新的环境又被高速发展的时代抛在后面，公共环境的发展没有通过系统的规划而导致公共环境处于新与旧杂乱无序的不和谐状态之中。

第二，公共设施的设计中缺乏与环境的联系，人们习惯于将人的生理需求放在第一位，而忽略了公共设施是环境中的公共设施。

第三，在物质环境的创造中，忽略了人在精神层面的需求。

基于可持续发展的公共设施创新设计，是应立足于环境、人的生理需求和精神需求、高科技、历史、文化进行的设计。

（三）创造健康、文明、安全的城市公共环境

城市是人们居住、生活、工作的环境空间，城市规划建设应以人为本，关注不同群体的生理需求和情感需求。城市公共设施的多样性、社会化能充分体现一个城市的魅力。

一片绿茵、几个座椅、一组景观小品就可以营造一个宜人的户外环境，在给人们提供生活方便的同时，也让人能够停留赏景、休息、交流。尽管公共设施的设计有时间、空间、地域、文化的限制，但它们的动态设计在与环境的有机协调中创造了卫生、健康、安全、文明的环境，对发展城市文化、展现城市魅力起着重要的作用。

1.城市环境的空间构成

城市展现在人们面前最直观的是人的视觉感受，那些富有特色的街区、广场、建筑以及独具个性的景观艺术、公共场所等，常常让人流连忘返。城市有形的物质文化积淀、无形的精神特质、多姿多彩的市民生活将共同构筑城市环境的空间活力。

随着城市化进程的发展，城市公共空间呈现出多种功能，如广场供人们聚集和交往，商业街供人们购物和休闲，居住社区给予老年人和儿童更多关照。各个空间与周边环境产生各种联系，形成不同风格和气质的小空间。各种公共设施共同构成的城市中独具个性的公共区域，其意境隽永、人文氛围浓厚，常常可以吸引更多人的关注和停留。其间有的公共设施虽然体量小、不起眼，却在陶冶大众情操、昭示和传扬城市风采中默默彰显其独有的特质，并以其自身的造型、色彩、质地、肌理丰富着城市的环境，以尺度、位置的变化满足人们的不同需求。

从一个城市的平面图俯瞰，我们会发现城市空间除了建筑物呈体块，户外空间多由"线"和"点"构成。"线"是各种交通线，如街道、人行道、小巷等；"点"则是户外空间的节点，如小广场、邻里公园、道路交会处等。"点"与"线"在环境中共同作用，形成宜人的公共户外空间，公共设施则是这些"线"

和"点"中丰富空间形态、完善空间功能的重要节点，如卫生系统的公共卫生间、饮水器、洗手池、垃圾箱等，还有休息系统的公共座椅、廊道凉亭，服务系统里的售货亭、公用电话亭等，它们共同为提升空间品质、服务大众起着关键作用。各种公共设施与城市环境各个区域的关系应该是有机的、积极的、恰当的，体现其使用功能与场所审美功能，使空间呈现出和谐、宜人的气质。

2. 城市形态的静态呈现

现代城市的发展中，历史文化、传统文化的价值越来越受到人们的关注。人们往往不再满足于环境中充满现代气息的建筑和空间，糅合了传统文化和人文精髓的环境更容易得到人们的认可和青睐。人们常常会对一个城市的历史、文化、民俗等留有深刻的印象，而这些又都是通过城市的细节来展现其独特的魅力。公共设施作为城市中直接与人接触的物品，最能得到大众的认知和认可，也是展现公共空间精神面貌的有力载体。

国外许多发达的城市，虽然也极尽现代与繁华，但是许多街区仍然散发着甘厚浓郁的古老气息，从城市老建筑的保护与装饰，从雕塑景观到空间氛围的细节设计，以至于花草树木都极具秩序与美感，散发着该有的气韵。城市在历史的发展中将社会积淀形成的文化变为人们头脑中的记忆，成为可看、可触摸的符号，这也是城市精神文明的物化。公共设施的材质、质感、色彩的选择，结构、形态、比例的推敲，从外部的总体形态到每一处细节的处理，既能与厚重的历史相呼应，又能适应现代文化与生活的需求。要使城市的每一处公共角落都充满文化的韵味，就需要对这些设施进行精心的维护与设计，不断创造精致、和谐、高品位的环境。

城市形象的识别系统是一个复杂的系统，道路、建筑、公共设施，包括其造型、材料、色彩、风格、标识、象征等，都是作为静态的识别系统的载体加以传递，有组织、有计划地在城市历史文化的指导下改善这些静态呈现，无疑是一种保护传统义化，展现城市风采的有效方式。

3. 城市环境的公共意识

公共环境是除个人居住外的空间环境，范围非常广泛，公共环境中的设施具有公用性，使用空间和公共设施的人群具有不定性。为了营造良好的公共空间环境，公共设施不仅需要有很好的设计满足人的需求、体现文化价值取向，还需要各个部门的有效管理，提高人们的艺术与道德修养，强化人们的公共意识。公共设施的丰富性、多样性为人们提供舒适、便捷的生活，为城市增添人性化的亲和力。

城市环境的公共意识应是多方面的体现，不同民族、不同信仰、不同阶层及不同年龄的人在同一环境中的行为方式各有不同，这与人对环境的知觉、认识及价值观有关。公共设施作为环境中的物品，是人们可使用、可接触的，它不是完全独立的设施而是依附于公众的行为，吸引人们的参与和体验是公共设施存在的最终目的，它是一种生活的艺术体现。公共设施设计主要实现使用与欣赏的价值，它是为公众而设计的，是将某种艺术观念转化为公众的审美情趣，将大多数人喜欢的形式融入公共设施的设计中，突显其公共意识。

人们的环境意识随着城市发展在不断觉醒，城市公共环境也在不断改善。公共设施在环境中能起到道德启示的作用，优美的环境中如果有不文明的行为发生，则会遭到很多人的批评。爱护公共环境、保护自然生态已成为大多数人的自觉行为，公众间的相互监督得到加强，这无疑推动了公众的公共意识的形成。公共设施的艺术化设计实现了"寓教于乐"的功能，当它们与特定环境形成和谐美好的关系时，更能激发人们爱护环境的公共意识，加强公共设施文化内涵的公益性。

4. 公共设施的设计与管理

随着城市现代化进程加快，我国在公共设施的设计上引进了不少西方的设计样式，但是，我们应遵循这样一个要求，公共设施须适应本国、本民族、本地区的地域特点和使用习惯，因地制宜、因人制宜，避免照搬带来的不良后果。环境的保护与改造除了调动公众对公共设施的参与与关注外，还要政府管理部门统一认识，加强规划与协作，使公共设施系统能逐渐完善起来。公共设施的规划不应造成对原有人文景观的破坏，或者盲目追求高、精、尖而使公共设施成为缺乏个性的产品，关注设施的共性与个性是设计的前提。

第三章 城市公共空间设计——地下空间设计

第一节 地下空间的基本认知

一、对地下空间的基本认知

地下空间优点主要有：防雨、安全（无机动车）、冬暖夏凉、交通便利（靠近车站）、没有汽车噪声、营业时间长、活跃的商业空间、距离商店等较近、为人们等待提供方便、购物方便等；缺点主要有：不见阳光、没有时间感觉、空气不新鲜、不干净的设施、来自墙壁和顶棚的压力、缺少公园和开放空间、发生灾难时的安全问题、方向感消失、太拥挤、黑暗等。

人们对地下空间许多潜在的负面印象都和地下空间的基本物理特性有关。人们对地下公共空间的优缺点认识，很大程度上是由地下公共空间本身的物理特征产生的。

（一）地下空间的环境特征

1. 地下空间的封闭性

与地上空间向上"长"的方式不同，地下公共空间是采用向下"挖"的形式，往往完全封闭或大部分封闭在地下。于是，地下公共空间与外界的联系只能利用通道和少量开口，缺少可以观察室外环境的窗子。另外，地下建筑的出入口高差一般较大，也会使人们产生一种进入封闭空间的感觉，这些都造成了地下公共空间的封闭性。

地下公共空间由于其封闭性可以使室内环境不受外界的干扰，但由于缺少自然光线、环境声音和外界景观，会造成人们对时间和空间的判断缺少参照物。同时，人们缺乏对外界的可视性，便难以确定在地下公共空间中的位置，造成定位和定向较为困难，不易找到出口，从而引起不安。因而无论在建造实践还是设计规范中，地下空间是很少作为住宅、办公、学校等人们需要长时间使用的功能空间的。

2. 地下空间没有外部形态

人们对于一个建筑物的了解往往开始于对外部形态的感知。建筑的整体形式和体量能够表达建筑物的内容，这些外观印象有助于人们形成和保持方向感。但地下建筑物的外立面大多是被岩石或软土覆掩，在地面层只能看到出入口或其他与外界联系的形式，没有或缺少外部形态，导致人们无法从外观获取信息，对地下公共空间的大小、范围、空间形式都无法得知。缺少了整体把握，人们只能从自己经历过的空间以及视觉可达的空间来对环境进行判断，这就增加了环境认知的难度。

3. 地下空间缺乏自然环境

地上空间中有各式各样的建筑物、道路和自然景物，气候差异很大，景观随着季节变迁不断变化。

与此形成鲜明对比的是，在地下公共空间中缺乏自然环境，接触不到阳光、雨水、风雪，看不到天空、星辰、绿树、街景，通常保持恒定的亮度、温度和湿度。这既是地下公共空间的优势也是它的缺陷，将骄阳雨水遮挡在外，人们可以在其中躲避酷热和寒冷。但没有日光的变化，气候的变迁和雨水甘露，人们便无法直接把握时空，不能形成时间观念，从而导致人们心理上的不适应。另外，长时间远离自然元素停留在人工环境当中，很容易让人产生疲劳，加重心理上的负担。

（二）地下空间中人的心理特征及影响因素

1. 主要心理特征

在地下公共空间环境中，人们更多关注的是他们对环境的心理反应和环境的物理特征，即使其他环境有类似的负面物理特征，人们对完全的地下空间环境的评价最低，主要的评价是不安、不悦、消极、孤立、黑暗、缺乏吸引力、封闭、缺乏刺激、紧张、气闷等。

许多在地下环境工作的人表示，有时他们会感到由于在地下环境工作而产生的心理压力，总的来说，公众对于地下空间普遍有着较负面的心理印象。

2. 影响人们心理的环境因素

地下空间对人的心理影响因素可以分为生理影响因素和心理影响因素，两者相互作用。

第一，外界景观因素。说明人们无论是有意还是无意，都渴望了解地面以上的外界景观，而且更多的是通过窗户来了解，这可能是人们在地面空间环境中形成的习惯。所以在地下公共空间环境中，人们渴望看到外界景观，而这种渴望不易得到满足。

第二，空间封闭因素。正是由于地下公共空间环境较封闭，才使人觉得视野狭窄、不开阔，感到环境压抑，觉得行动受到限制、不自由。

第三，方位因素。从这个因素可以看出在地面以上环境中，人们都有一定的方向感和时间感，这是人们适应大自然而形成的一种生物钟和生物罗盘功能，在地下公共空间环境中，人们的这种生物功能受到较大的削弱，使人有一种远离大自然的感觉，人们更要依赖各种人造的方向、道路、出入口等指示诱导标志，在地下公共空间环境中有确定自己方位的需要。

第四，自然光因素。人类在地面环境的漫长岁月中，已适应阳光和自然光线，而在地下公共空间环境中，主要是人工光源，阳光和自然光线不足，人们觉得人工光源缺乏变化，还不足以取代阳光和自然光，缺乏变化的人工光源使人觉得地下公共空间内部的视觉环境也缺乏变化，说明在地下环境中，仅人工光源是不够的，要尽量设法引入阳光和自然光线。

第五，地下环境意识因素。当人们从入口进入地下公共空间环境时，由于通道一般向下，就使人意识到在进入地下；光线由强至弱，使人的眼睛有一个不适应的过程，就加强了这种意识；进入地下公共空间环境以后，单调的色彩、缺乏生气的周围环境，使人难以忘却自己正身处地下公共空间环境。

第六，空气质量因素。人们认为地下公共空间环境中的空气质量较差、通风不良，因而担心会对健康不利。

空间封闭因素分别与自然光因素和意识因素、空气质量因素是相关的，正是由于空间的封闭特性，才会引起一系列的相关问题，如缺乏自然光线、空气质量较差、人们意识到身处地下公共空间的感觉增强。外界景观因素与意识因素相关，说明人们在地下公共空间看不见外界景观同样会加强人们身处地下公共空间环境中的意识等。

（三）对地下空间的辩证认知

1. 地下空间的消极因素

使人在地下空间产生消极心理的因素，是因为地下环境自然光线不足，向外观景受到限制；由于狭小的内部空间、低矮的天花板以及窄小黑暗的向下楼梯等所引起的幽闭感；害怕结构倒塌、火灾、洪水，认为地下建筑的安全出口受到限制以及把地下空间与死亡和埋葬联想在一起的恐惧感；由于空间封闭而产生的感知作用的减小；空间方向感的削弱；对温湿调节不良、通风不足和气闷感不满等，这些统称为地下环境中的消极心理因素集。

2. 地下空间的积极因素

事物具有两面性，辩证地来说，地下公共空间也存在积极因素。

与地铁站相连通的地下街有较高的利用率，除了个别时间段，无论是在工作日还是周末，地下街的人流量接近地面的人流量。人们选择地下过街，周末要比工作日多，而且与地铁站在地下连通的商场确实能吸引大量的出站人流。

购物行为和地下实质环境的改善对人们在地下和地上的路线选择上有重要影响，并且时间、气候和环境品质（如灯光、音乐、景观和气氛等）对地下公共空间的利用也很重要。如果地下公共空间能为步行者提供购物、餐饮、娱乐和休息等服务设施，形成活动丰富的场所，且在地下公共空间的步行过程中有琳琅满目的商品展示、时常更新的购物环境、优美的背景音乐，并且在空调、照明等设备方面有较高的配置，再加上良好的管理，那么地下公共空间是大有可为的，而且也能吸引更多的人流量。

二、对地下空间的空间认知

与地铁相关的城市地下公共交通的发展，以及与步行系统和商业系统之间紧密相连，是当代城市地下公共空间发展的主要特征。随着我国城市地铁的建设，与之相连的城市地下公共空间的大量开发成为城市空间发展的重要组成部分，这些广泛用于商业和交通目的的地下空间系统在不断投入使用，城市地下综合体也在不断发展之中。

（一）地下空间的辨识性

由于地下空间的封闭和缺少自然特征，因而空间特征显得尤为重要。

地下公共空间中作为空间差异节点所具备的特征是：独特，在形状、尺度、色彩、内涵等方面具有特色，并且在空间环境中容易被感知。被高频率认知的地点，除了空间特征明显以外，还都处于地下购物中心的主通道上，那些不在主通道上的空间场景，则很难被人们所辨认。

空间特征差异对于人们在地下公共空间的认知和寻找目的地具有很大帮助。空间特征比图形信息特征作用明显，而空间特征中建筑特征比店铺特征作用明显。因此在进行建筑设计时应考虑运用建筑空间上的变化，来塑造有助于人们寻路的空间差异。特别是下沉广场、中央大厅、主通道和主通道上的主楼梯、电梯等，对地下空间的认知具有关键作用。

（二）地下空间的方向感

在大型建筑的内部人们多少都有晕向的问题，在地下空间里它显得特别突出。随着转弯次数增加，人们对起始点的方向判断误差变大，空间定向的准确率下降。若方向准确性的要求比较高，认为偏差15°以内算正确，那么当转弯次数为3次时，即在行进方向上随机转了3个直角的弯时，人们对出发点方向把握的正确率会出现大幅衰减。

因此，在网格型平面中的重要流线设计中，如果必须经历3次以上的转弯，途中必须安排地标。地标对人在地下空间确定方向有很大帮助，如果空间布局中转弯的次数不可避免地有5次或5次以上，则应考虑设置地标来帮助人们明确自己的方向。

综上所述，影响人在地下公共空间中方向感的因素主要是路径网络的复杂和路径转折的折角。一个有活力的地下公共空间，不仅可以让人们便捷有效地抵达目的地，还可以给人以轻松明确的寻路感受，因而在进行地下公共空间的平面布局时，应尽量采用简洁易读、逻辑清晰、引导明确的形式。

（三）地下空间的认知图

人们看到标识、地图或经过现场体验后，对地下公共空间状况的记忆度，即人关于地下公共空间的认知能力会提升。对地面上的建筑和物体的感知有助于在地下公共空间中建立认知地图。地下公共空间与地面景观的合理关联，可以帮助人们明确自己所处的方位，在认知地图中建立点状参考信息，并以此为基础按照点、线、面的过程，发展形成完整的认知地图。地下空间里的认知地图就是围绕进入点、目的地点、中央大厅、下沉广场和主通道建立起来的。地下空间的设计要比地面和地上空间对空间辨识性有更高的要求，因为这与疏散、安全和方便使用有密切的关系。这就是地下空间的设计中要把下沉广场、中央大厅和主通道作为地下公共空间最主要的设计要素的原因。

出入口作为地下与地上的联系，在认知地图中具有重要的地位。对地下公共空间轮廓的把握可以有助于空间认知的建立。地下公共空间认知地图的特点包括：①直线趋势和重叠效应。人们倾向于用直线关系来记忆起始点和目的地之间的联系，认知地图中的路径表现出向起始点和目的地连线方向偏移的趋势，而且人们容易把有斜向偏转的道路认成直线道路。②空间认知中决策点和空间节点有重叠的趋势。尽管在实际空间中这并不是同一个点，但在人们的认知地图中，进行路径选择发生方向转换的点和空间的节点往往是重合的。

地下空间作为特殊的三维空间实体，人们不能一眼就看到它的全部，只有在运动中也就是在连续行进的过程中，从一个空间走到另一个空间，才能逐一地看到它的各个部分。由于缺乏对全局的把握，人们倾向于在空间认知中，把对局部空间的体验类推到其他部分，因而在进行地下公共空间的平面布局时，应尽量采用简洁易读、逻辑清晰、引导明确的形式。

第二节　地下空间的环境及其人文特点

城市地下空间开发利用虽然历经百余年，但对于地下空间环境的认知人们还是存在种种偏见，总认为地下空间是一个密不透风、不见阳光、潮湿阴暗的环境。随着经济社会发展和科学技术、施工工艺的进步，如今人们对于地下空间环境营造，除了满足正常功能及生理舒适性需求外，还需要融入人文环境艺术设计，以满足人们对景观艺术和人文气息的需求，这种需求具体表现在对地下空间环境的色彩与光影、动态与活力、标志与细部等艺术效果的追求和塑造，以及对城市文脉和地域特征的传承和体现。很多以人为主要服务对象的地下空间环境设计都兼顾了功能与美观等各项需求，都需要进行地下空间环境的人文艺术设计。

一、地下空间的环境艺术设计重点

（一）地下环境的整体营造

地下空间环境的整体营造主要是运用建筑设计中的空间营造方法和景观设计理论，结合人文环境艺术对地下空间环境进行整体创意设计。具体来说就是通过地下空间环境对人们产生的心理和生理两方面的影响进行分析，用室内设计和景观设计营造出舒适、具有空间感的地下空间环境；在室内设计方面通过设计重新塑造地下空间，运用色彩、灯光、装饰图形与材料等，营造出舒适的、具有美感的室内空间，并利用现代视听设备同步接收外界信号等手段，改善地下公共空间给人的不良心理感受；在景观设计方面尽可能地引入自然光线和外部景观元素，使地下空间具有灵动的空间感、生动的视觉感。如今的城市地下公共空间营造，还特别重视标识系统的设立，常常会让人们忘记身处地下，使用者的安全感和方向感与地面无异。

（二）地铁车站的环境艺术设计

城市地铁已经成为国内外大城市规模化、秩序化开发利用地下空间的主要形式，地铁车站是人群使用最频繁、直接影响人群生理、心理及舒适性和安全性的空间。因此，车站空间景观环境的艺术设计就显得尤为重要。地铁车站环境也是展现城市精神风貌和地域特色的微型窗口，能够提升城市的文化底蕴和艺术品位。地铁车站作为一种特殊建筑，已经不仅仅被看作一种交通设施，它承载了再造城市文化景象的"地标"属性。"地铁车站环境艺术设计应注意光线、空气和自然等三个重要问题，并应把握安全性、方便性、人性化、协调性、地域性和艺术性六个原则。"

地铁车站的环境艺术设计是把抽象的环境艺术设计理念落实到具象的地铁车站功能中，是一个复杂而系统的环境艺术设计。该系统从功能空间层面上关注空间序列的组织、空间氛围的营造及空间界面的塑造；从感官视觉层面上关注传达导引的明晰、灯光照明的适度、材质色彩的和谐；从行为心理层面上关注本土化设计、无障碍设计等。除此以外，在诸多层面之间交叉的设计关注点，都属于地铁车站的环境艺术设计范畴。

（三）地下综合体的环境艺术设计

城市地上地下一体化整合建设的地下综合体作为新兴的城市空间，其环境艺术的设计需要综合考虑外部空间和内部空间的人性化设计，既要体现生态景观的功能，又要发挥文化展示的功能。

地下综合体需要通过采光、通风、温控设施等来调节室内环境。在设计中，将地下综合体内部的设施位置与周边环境共同整合设计，可以在很大程度上降低其对公共空间景观风貌的影响，甚至可以很好地优化环境，形成独具特色的地标景观。

城市地下空间的规划设计由丰富的内容组成，环境艺术与环境人文是两个重要的组成部分。通过地下空间环境设计，能较好地消除地下空间对人们的负面影响，创造出舒适的地下空间环境。通过人文艺术设计能彰显城市的文化层次和品位，从而展示城市形象、宣传城市文明。

二、地下空间的环境艺术

"环境艺术是 20 世纪 60 年代在美国兴起的艺术流派之一。"它将绘画、雕塑、建筑及其他观赏艺术结合起来，创造出一种使观看者有如置身其中的艺术环境，旨在打破生活与艺术之间的传统隔离状态。

在地下空间环境设计中，从空间上来说，在进行建筑设计时，可以根据空间里的不同使用功能的需求，考虑人们的私密性，合理安排空间布局，同时还应注意二次空间的形态，避免比例狭长不当的空间所带来的不适感。因为人们视觉上的舒适感一方面取决于空间本身的舒适程度，即它的比例与形态等，另一方面则由室内空间中的光线、色彩、图案质感、陈设等决定。此外，在地下空间室内设计中应特别重视听觉、嗅觉、触觉方面的舒适性，通过控制噪声、背景音乐，利用采暖、通风、制冷、除湿等方法，来解决机械噪声大以及寒冷、潮湿、通风差、空气质量不好的问题，使人们从感官上舒缓生理和心理的不适感，创造舒适的地下空间环境。

（一）地下空间环境的艺术性

地下空间环境营造不仅要满足人们基本的行为心理和生理需求，还要满足对地下空间环境的艺术气息、人文气息等更高层次的需求。这种需求表现在对地下公共空间色彩与光影、动态与活力、标志与细部等的追求和塑造，以及对城市文脉和地域特征的传承和体现。

美学原则是设计领域普遍遵循的一般规律。社会在发展，时代在前进，科学技术也在不断地进步，设计的美学原则也会随之发展、创新和完善。地下空间环境艺术应该符合以下原则：

第一，对比和统一的原则。对比，可以使造型更生动，个性更鲜明；统一，可以使得造型柔和亲切。只有对比没有统一，会造成生硬杂乱的感觉；而只有统一没有对比，会显得平淡呆板。因此在地下空间环境艺术设计中，既要有对比又要有统一，只有这两方面达到平衡，才能为人们呈现出既生动活泼又和谐舒适的状态。

第二，对称和均衡的原则。对称形式具有单纯、完整的视觉美感，使人感到稳重和舒适；设计上的"均衡"，并不是实际重量的均等，而是从大小、方向以及材质等方面获得的感觉，通过一条看不到的标杆判定上下、左右的均衡。在地下空间环境艺术设计里，家具的聚与散、界面装饰的疏与密都是处理好均衡美的关键。恰当地处理好对称与均衡，可以取得意想不到的设计效果。

第三，节奏与韵律的原则。在视觉艺术里节奏的含义是某种视觉要素的多次反复。例如，同样的色彩变化、同样的明暗，对比不同的造型元素、不同的材料，其产生的节奏和韵律不同，带给人的感受也不同。在地下空间内，怎样利用不同元素间的节奏和韵律营造一个舒适的公共环境，是值得认真思考的问题。

地下空间环境的内部装饰与细部设计应与地下空间的建筑设计密切结合，根据地下空间的用途、规模、材料及施工条件，从空间艺术效果出发来进行设计，进一步完善地下公共空间的温暖感、宽敞感和方向感。地下公共空间的内部装饰主要包括天棚、墙面和地面的处理，可以考虑用浮雕、壁饰等艺术手法来强化装饰效果。细部设计包括柱子、门窗孔洞等的材料选择、位置安排、形式确定、色彩应用和空间比例关系上的协调，以及地下公共空间中小品、雕塑等装饰艺术品的布置。

建筑师能够利用自然光线随时间、气候的变化所产生的光影变化，给建筑空间带来时空感，在地下公共空间中也不例外。自然光线进入地下的方式多种多样，通过不同位置的洞口、不同材料的介质，经过直射、折射、漫射等不同方式，可以形成不同的光影效果。此外，科技的发展，人工采光技术的进步，不仅可以满足地下公共空间基本的照明需要，而且可以实现很多自然采光条件下达不到的光影效果。

在地下空间环境中，要创造出富有生命力的空间，就要充分利用各种要素，有结构、有系统、有层次地表达动感空间的理念。

地下空间环境艺术性的体现还包含创造动态与活力的空间。在地下空间环境中直接应用观景电梯、自动扶梯等交通工具，再配合轻质帷幕等动态要素，可创造出具有动感的空间效果。采用曲线、曲面形态，能造成独特的视觉效果，形成富有动感的室内空间，并让人深感生命的活跃。在地下公共空间中还可以通过弯曲的灯具、灯带、旋转楼梯以及地面曲线形的铺装等细部构件的艺术性处理，给人以美妙的动感。

地下公共空间活力的塑造，主要依靠人在空间中的活动，形成一个理想的"人看人"的空间。

（二）地下空间环境艺术的绿色植物

绿色是生命的象征，绿化是地面自然环境中最普遍、最重要的要素之一，绿色植物象征生命、活力和自然，在视觉上最易引起人们积极的心理反应。在地下空间环境中布置绿化不但会给人以生命的联想，而且还可以利用绿化来实现地下空间内外环境的自然过渡，进行空间限定与分隔，组织视线，暗示或指引空间；也可以利用绿化进行集中式园林造景，点缀和丰富空间。将绿化设计引入地下空间环境规划，在消除人们对地下与地上空间的视觉、心理反差方面具有其他因素不可替代的重要作用。

绿色植物不仅能够起到美化环境及组织空间的作用，还能够缓解人们的紧张感。特别是植物还能利用其积极的生理行为，来改善地下空间的空气质量，这一点比在地上更显得突出。绿色植物在光合作用下能够产生氧气，吸收二氧化碳。此外绿色植物还可以吸收空气中的有害物质，如在日常生活中，人体本身、香烟烟尘、建筑材料、清洁用品、空调器、化纤地毯等均会释放出诸多污染物质，而绿色植物均可加以净化。人们在有绿色植物的环境中，可以放松紧张的心情，调节紧绷的精神，常看绿色植物可以缓解视觉疲劳，消减对地下空间的不适反应。

由于自然光线受到严重的限制，如何导入植物就成为绿化成败的一个关键因素。必须选择极度耐阴且适应温室生长的植物，如发财树、绿萝、散尾葵、铁树、南洋杉、吊兰等。绿化地点可选择楼梯、过道、吊顶等处。由于受空间大小的限制，可以采用移动容器组合的绿化方式。而在空间条件允许的情况下，则可以适当利用固定种植池绿化和方便种植的水体绿化。

在较宽的楼梯上，隔数阶布置景观植物可形成良好的视觉效果；在宽阔的转角平台处可布置较大型的植物；扶手、栏杆可用植物任其缠绕、自然垂落；过道总会有一些阴暗和不舒服的死角，可沿过道相隔一段距离用盆栽排列布置；用造型极佳的植物遮住死角、封闭端头可达到改善环境气氛的目的。地下空间的墙壁与立柱通常使用广告等无生命的装饰品，但可以通过绿植的摆放带来生机勃勃的感受。通常缠绕类和吸附类的攀缘植物均适用立柱绿化，还可安装绿化箱，将植物固定在墙壁上挂栽，也能提高绿化面积，美化环境，优化装饰效果。吊顶往往是极具表现力的地下空间一景，它可以是流畅的曲线，也可以是层次分明、凹凸变化的几何体等，用天花板悬吊吊兰等植物是较好的构思。

（三）地下空间环境艺术的水体设计

和绿色植物相比，水是人们生存不可缺少的物质。水是无色的，但是在光线的影响下，水又会变得五光十色，给人柔美舒适的感觉。为了在地下空间营造不同形式的水体效果，常用喷泉或瀑布的形式展示，使人们从视觉和感官方面感受水体景观带来的愉悦和舒适。

将无形的水赋予人造美的形式，能够唤起人们各种各样的情感和联想。水体的处理具有独特的环境效应，可活跃空间气氛，增加空间的连贯性和趣味性。水体的设置方式有盈、淋、喷、泻、雾、漫、流、滴、注、涌等。

水体在地下空间的利用与维护较为方便和简单，其对于地下环境的要求及艺术处理手法与地面上的并无差异。为了在地下空间中取得声情并茂的水体景观效果，常做成叠水、瀑布、喷泉等形式，有时在静水部分放置一些雕塑，以活跃空间气氛，增加空间的连贯性与趣味性，这些都会让人们的视觉兴奋，给沉闷的地下环境带来一些声音刺激和动感。水体的倒影、光影变幻可产生出各种独具魅力的艺术效果，并可以隔声、净化空气。虽然人在地下的活动相对来说只是一种短时活动，但只有感觉到与外部世界保持着联系，人们才能在地下安心地活动。亲水空间对于改善地下空间环境质量也有显著效果。水体的处理常与绿化有机结合组成"自然景观"，使室内具有室外感，给地下空间平添大自然的无限情趣。

（四）地下空间环境艺术的诱导标识

人群在地下空间环境中活动，空间位置和方向诱导极其重要。地下空间环境中的人行通道应具有简洁性、连续性和互通性，交通通道与行人交通之间应无障碍衔接，形成完善的交通网络。在通道口的设计上可以利用不同大小、不同色彩、不同层次、个性化的节点空间或者标识作为定位参考，增强其可识别性。这样有助于行人做出正确的判断和选择，并能够增加地下空间的趣味性和场所感。

三、地下空间的环境人文

（一）地下空间的环境人文定义

人文指人类社会的各种文化现象。人文就是人类文化中的先进部分和核心部分，即先进的价值观及其规范，其集中体现是重视人、尊重人、关心人和爱护人。地下空间环境人文，是人本的地下空间，它体现了以人为本的思想，是古今中外人本思想的集中体现。地下空间环境人文，是在地下空间环境中表现民族文化，是传统的地方文化与现代的城市文化的演变融合。

将民族文化、传统文化、现代文化和商业文化等融入地下空间环境设计和使用之中，在日常使用中体现人文关怀和人文精神，通过地下空间环境人文的建设，将使地下空间不仅成为人们休闲、娱乐和商业活动等的使用空间，而且还能成为展示城市形象、宣传城市文明的窗口。

（二）地下空间的环境人文特点

1. 以人为本

由于地下空间容易带给人们心理和生理上的不适，所以在地下空间开发利用中，不论从总体规划还是设施细节，处处都应体现"以人为本"的理念。只有以人本精神作为地下空间开发设计的中心思想，将人的需求和进步的需要放在第一位，才能为人们提供舒适宜人的空间。如通道、出入站口或步行街等，要设计得简洁明了、易于识别，让人们一目了然，以便人们对地下空间的方位、路线做出判断。除此之外，还应在地下空间的各个出入口上设置足够清晰的指引标识（如路标、地图、指示牌等），引导人流、在地下空间顺利行进。

2. 民族地域文化

地域文化可以说是某一地方特殊的生活方式或生活道理，包括这里的一切人造制品、知识、信仰、价值和规范等。它综合反映了当地社会、经济、观念、生态、风俗以及自然的特点，是该地域民族情感的根基。因而在进行城市与建筑空间环境规划设计时，除了应尊重地域的各种自然条件外，还要全面了解其地域文化的情况。在空间环境的大小和组合中，在空间环境的装饰文化艺术里，包括绘画、雕塑、文案、文学、书法以及家具、花木、色彩和地方建筑材料与构造做法等，根据新时代的新要求，汲取传统的地域文化的精华，并加入新内容，突出地域文化的特点，以符合各地域民族新的生活需求。

3. 鲜明的主题

在各国地下空间文化建设中，文化资源往往是通过具有鲜明特色的主题文化体现出来。主题文化是城市的符号和底色，是提高城市吸引力和创造力的载体，可以通过环境小品、绿化、座椅、电话亭等设置，创造多样化、人性化的地下空间文化。

4. 文化的交融

传统文化与现代文化交流融合成地下空间文化，传统的历史文化是城市的价值体现，而现代的人们又在享受着现代科技带来的时尚生活。现在人们已经越来越认识到保护传统历史文化的重要性，更加重视文化传承，保存传统文化的精髓，协调自然环境，并融入现代时尚的文化，以此来满足人们日益更新的物质和精神需求。

5. 绿色环保

绿色是生命、健康的象征。地下空间内引入绿色植物，不但可以营造富有生机与活力、安全、舒适、和谐的地下空间环境，还能通过绿色植物在光合作用下呼出氧气、吸入二氧化碳，起到净化空气、改善空气环境的作用。绿色还能使身处地下空间中的人们忘却自己身在地下，消除地下空间环境给人们带来的封闭、压抑、沉闷、不健康、不安全、不舒适等感觉。

当代中国正处于快速发展中，我们比以往任何时候都更强烈地渴求积极健康的生活方式，以及由此带来的人文品质。地下空间环境的人文理念中包含着当下人们奋力拼搏的精神风貌、豁达开朗的胸襟气度，它还是一个实践性强、可持续性强的城市战略。把城市地下空间的规划利用和人文的理念相结合，把城市建设的硬件设施与软件优化相结合，把城市建设的指标与市民人文素质和生活质量的提高相结合，应是城市工作者和管理者的不懈追求。地下空间人文的建设必将在城市的现代化建设中发挥出巨大的积极作用。

第三节　地下空间的形式及其设计要点

城市公共空间通常是指街道、广场和公园等公共性的室外活动场所，而现代社会中，大量公众消费场所，如商业中心等室内空间，也已经成为重要的公众活动空间。因此，把这类对市民限时开放、可自由出入并免费使用的功能性空间称为准公共空间。这两类公共空间都是城市中大量人群的集聚性活动场所，它的空间分布与活动的需求度和便捷性，以及周边区域的环境品质和吸引力等因素密不可分，往往在高（人口）密度区域且具有良好可达性和空间活力的城市节点（地区）形成；地铁站作为能够迅速疏散城市人流的发生源，自然成为城市公共空间发展的主要动力，这种现象对于地下公共空间而言尤为突出。

一、地铁站及其设计要点

（一）地铁站是地下空间的发动机

伴随着大城市或特大城市高容量、高强度的发展趋势，城市人口大量聚集，出行需求旺盛，以地铁为主的轨道交通是解决城市高效出行的主要方式，并成为城市化发展到较高阶段的必然产物。由于地铁的发展使得大量人群集散在站点周边，而地下空间完全不受地面交通和环境的干扰，地下通道可以像管道那样把人流带向多个目的地，因此地铁站犹如人流发动机一样催生了地下公共空间在其周边区域的成长。

1. 地铁站是城市人流发生源

（1）人流发生源的界定和类型。城市往往由建筑和空间高度集聚的多"基面"构成，人、物、资金、信息等"城市流"在面上不停地运动。由于区位、地形、交通等条件的差异，使得这些城市流形成非均衡增长的格局，运动的"质点"总流向那些引力较大的场所，于是就形成了若干城市流的集聚中心，或称为结节点。人流发生源就是这样一种较为典型的结节点，它主要指那些在城市中能聚集并产生大量人流的节点或区域，并深刻地影响着周围城市空间的发展。

城市轨道交通一方面作为城市大规模人群流动的主要载体，每天能高强度地把人流聚集在轨交站点周围，同时，由于人员的密集引入，对周围的功能定位和空间生产形成重要影响。早期城市的地下公共空间主要是地下通道或独立的地下商业街，相互之间并没有多少联系，呈现各自独立的片段状况，随着地铁的快速发展，以地铁站为核心的站点区域大规模人流被激发，地下公共空间便逐渐由被动的碎片化空间发展转化为统一有序的整体性空间，并最终形成以站点带动站域、整合而成的体系化地下空间网。

（2）地铁站的客流量状况。自 1863 年世界上第一条用蒸汽机车牵引的地下铁路在英国伦敦建成通车开始，地铁发展至今已有 150 多年的历史。虽然当时列车隧道里烟雾熏人，但由于在拥挤不堪的伦敦地面街道上乘坐公共马车的条件和速度远不如地铁，因此当时的伦敦市民甚至皇亲显贵们还是乐于乘坐这种地下列车。自 1863 年至 1899 年的 30 多年间，地铁建设逐渐在一些高密度的大城市发展起来，除伦敦以外，英国的格拉斯哥、美国的纽约和波士顿、匈牙利的布达佩斯、奥地利的维也纳以及法国的巴黎共 5 个国家的 6 座城市也相继建成了地铁。

"作为国际化大都市的上海同样如此，至 2013 年底，上海已经建设了拥有 14 条线、329 座车站及总长 525km 的地铁网络（上海的轻轨也是属于'重轨'系统的地上地铁），其总日均客流达 938 万人次（不含磁悬浮，轨交 3 号、4 号线共线段人流不重复计算）。"

2. 地铁站对站域空间的激发

地铁站大规模的人流效应，使得围绕站点的周边区域的空间使用、人车路径等城市要素逐渐改变并呈现出新的空间分异特征，这种影响甚至可以扩大到整个城市层面。一般来看，伴随着地铁站这个重要人流发生源的出现，它对于周边地区地上地下公共空间的激发呈现出四个不同阶段。

（1）建立高效而不受机动交通干扰的步行环境，并开始注意地铁与多种交通工具的换乘。地铁站点引入后首先影响的是周边区域的交通环境，城市步行化是地铁区域交通环境的核心特征，舒适高效、不受机动车干扰的步行环境成为站域交通体系的基本条件，并在此基础上，不同交通工具（不同机动速度）之间的转换得以实现，逐步形成区域的换乘体系，换乘活动成为这个阶段的地下公共空间区域的主要活动。

（2）在步行环境和换乘的基础上，灵活的小型服务性商业空间和日常消费活动增多。伴随着简明高效的步行环境和便捷的换乘体系建立后，一些灵活的小型服务性活动及其专属空间跟随着这个体系见缝插针地结合起来，同时那些单纯路径通道上依赖其界面的各种商业信息传播也逐渐增多，进而在一些可达性较高的公共路径和节点上出现了较大面积、能够吸引人群停留下来进行日常餐饮、零售等容纳基本消费活动的空间，如小型商业网点、营业厅、商业街等。结合换乘行为的一些顺路消费活动在站域中呈现出增长趋势，地下的大规模人流也进一步促进了这些业态的地下化分布趋势，特别是在靠近站点的区域，小型零售等基本消费业态结合各种类型地下公共空间引导人流的进入和使用。

（3）站点区域内与生活密切的城市功能群相继在各空间层面展开。当那些灵活的小型商业业态和日常消费活动增多后，区域的商业氛围和城市活力进一步提升，于是一些对大规模人流敏感且依存度高的综合商业功能也紧随而来，在大型地铁站点周边和地下区域布局，甚至专门形成了针对地铁出行人群的特定消费空间，如综合超市、高档专卖店等，地铁站转而变成了为其服务的重要到达工具。同时，各类写字楼、休闲娱乐、商务型酒店甚至艺术中心等与公共生活密切关联的功能群也相继在站点的地下和地上的各层面展开，一些大型商业综合体的开发也更趋于向地下发展，甚至延伸到地下三四层，并使得地下商业街、下沉广场等公共空间核心节点逐渐连接并形成网络，这一阶段地下公共空间的城市活动进一步丰富、空间的开发强度大大增加，空间的使用效率获得了较大提升。

（4）地下空间网络逐渐形成，并呈现双站或多站的区域网络效应。当以单个轨交站点为核心的公共空间体系逐渐形成后，伴随着城市活动的丰富以及市民新的空间需求，距离较近的两个或者多个站点之间产生了进一步便捷换乘的需求，于是围绕单站点的公共空间网络通过步行路径的连接而逐渐整合成更大区域的地下空间网络，这个以换乘网络为核心的双站和多站的区域网络效应对整个地区发展逐渐起到决定性的引领作用。

在这些比较成熟的地下空间开发中，随着地下人流的大量出现，地下不再仅仅是原有纯粹交通或者辅助的空间，城市的公共活动开始不再局限于地面，一些休憩、消费、服务等活动逐渐转移到地下空间网络中，地下活动人流占站域总人流的比重往往超过地上。

3. 地铁站对空间使用的催化

地铁站带来的大规模人流，影响和刺激着那些对人流敏感的功能空间（如商业、办公等）和公共空间节点生长，也呈现出站域空间使用的三个方面发展趋势。

（1）地铁站催化了以商业办公等为主的"功能组群"复合化趋势。地铁的引入使得周边使用者群体产生新的变化，随着使用者人群的增多和丰富，逐渐导致站域周边的功能构成趋向于复合化，尤其凸显出以办公商业为主的功能组群复合化特征。在站域商业办公功能组群复合化的基础上，公共空间也需要根据不同使用者的空间需求而产生变化，它们与周围功能性空间的匹配程度也更加紧密，比如在以商业商务为主导的地铁站域，公共空间以室外休闲广场、地下中庭、地下步行街等为主，在靠近商业办公区域的商城路站附近，商业步行街、街头广场等空间类型更多。

（2）地铁站催化了以车站为核心、多产权方协作、地下地上多要素整合的一体化趋势。随着地铁站域交通和服务区位的提升，区域的发展不再各自为政，而要兼顾经济、交通和城市活力等多方面因素，因此这就要求加强地铁站域空间开发的整体性，需要各地块空间开发时彼此协同发展，并逐渐催化出以车站为核心、地下空间与地上空间、市政交通与建筑景观、功能空间与公共空间之间城市多要素高度整合的一体化特征。

多要素整合的一体化特征，首先体现在部分私有产权地块的开放和地上下一体化。伴随着这些地块开放性的增强，促使准公共空间的增多，特别是在这些区块中设置一定规模的准公共空间对市民限时开放，既增加了商业空间的人气，也有利于增强这些私有产权空间使用的持续性。多要素整合的一体化特征也体现在不同类型空间在垂直层面的有机结合，通过公共空间与使用空间的叠合进一步挖掘地铁周边空间的使用价值。

（3）地铁站催化了以多层面步行路径为纽带的公共空间体系化趋势，并推进形成整体规划设计、分步骤实施的区域空间网络伴随着地铁站域催化出的以步行化为核心的交通环境和多层次换乘体系的建立，以步行路径为纽带，通过步行活动串联起购物广场、市民中心等内部对市民限时开放的准公共空间，这些准公共空间成为步行网络的有机组成部分，逐渐呈现出以多层面步行路径和空间节点为核心骨架的公共空间体系化特征，并依据这一特征，带动整合地铁区域地下、地上的功能空间整体式分步骤开发。

（二）地铁站引发的地下空间活动行为

城市空间主要是为市民的生活服务的，城市中的人群主要存在两种基本行为：一种是视觉行为，一种是活动行为。这两点基本行为充分重视和研究人的行为特征，是城市设计的重要切入点，同时，在地铁周边区域汇聚了大量不同类型的使用者，也涵盖了丰富多样的公共活动，因此研究分析地铁站所引发的公共空间活动对于周边区域的功能空间和公共空间设计具有支撑作用。

1. 地下空间的活动行为类型

（1）支撑站域基本活动的步行行为特点。在大多数地铁周边的地下公共空间区域，由于车站的引入使得区域的步行活动增多，它逐渐成为站域大部分地下活动的最基本支撑。人们对步行活动具有耐受性要求，这种耐受性可以作为判断人群是否选择步行活动的重要依据。

在地下公共空间中，基于步行行为主要有三类基本活动行为，即通勤活动、换乘活动和消费活动。不同的活动类型也会适度影响耐受性的阈值。对于通勤活动而言，人们的步行活动可以接受到"忍耐"等级；对于一些目的性较强的消费活动，人们多接受到"合理"等级；但是对于换乘活动或者目的性较弱的顺路消费活动和休憩活动，人们大多只能接受到"适宜"等级。

（2）三类基本活动行为。

1）通勤活动。通勤活动是地铁站域最基本、最大量的城市活动之一。它主要是指人们在地铁站域内以工作为出行目的的一种必要性活动，既包括从其他地区到达这里的写字楼、学校和其他办公场所等，也包括下班后回到该区域居住空间的活动。通勤活动通常以点到点的方式呈现，行为目的性明确，不易受其他目的地（如大商场）的干扰。

2）换乘活动。换乘活动也是地铁站域的基本行为，主要是指人们在不同交通方式之间的转换。换乘活动也是一种必要性活动，它的顺畅与否对轨道交通的利用效率有至关重要的影响。一般情况下，对换乘活动而言，地铁之间的换乘在"适宜"等级内（3～5min），而地铁与其他交通工具的换乘不超过"合理"等级（10min以内）。

3）消费活动。消费活动是地铁站域中最具弹性和诱发性的活动，它主要指人们以日常购物、休闲娱乐等为目的的自发性活动，对于消费活动还可进一步分为顺路型消费活动和目的型消费活动。

顺路型消费在地下公共空间网络中主要呈现通道式和地下街式两种空间布局方式，它们都是沿着地下步行路径两侧发展，但商业空间进深和通道宽度有明显差别。前者以较小进深，依附在宽度有限的通道两侧，通道式的商业业态主要集中在休闲餐饮、快餐、饰品、小百货等低消费能级的业种，布置在地铁站厅内及换乘路径上；后者则以较大进深与较为宽敞的步行街和地下街相对应，商业业态范围更广，主要为中小型餐饮、专卖、服饰等中低消费能级业种，布置在主要通道或专设路径上。

目的型消费在地下公共空间网络中会以主导地位的商业空间方式出现。目的型消费往往呈现大百货、大型超市、家电、娱乐城、影城等核心业种或综合业态，以大容量地下或地上空间呈现，消费能级与所在区域位置高度关联。

2. 地下空间的活动行为特征

（1）时间特征。通勤活动、消费活动是地铁站点公共空间区域最基本的两类城市活动类型，由于它们在时段上本身存在着差异性，因此，地下公共空间的活动在时间上亦呈现出规律性的波动特征，一般分为活动高峰时段和平常时段。高峰时段是以换乘、通勤活动等的必要性活动为主，强调通行的高效性；而平常时段除了少量的换乘活动外，则以自发性的消费活动为主。

（2）地区特征。不同类型站域的主要使用者在组合上存在着差异性，由于不同年龄、职业、目的的使用者呈现出各自的行为特征，对空间通过效率、空间品质等的诉求也不同，因此不同类型地铁站域地下公共空间活动呈现出的整体特征也有一定差异。按照地铁站域的主导功能特征，可分为商务主导型、商业主导型、交通主导型、居住主导型等基本类型。在商务主导型的地铁站域，其地下公共空间活动以通勤活动为主，并兼有消费、休憩活动等；在商业主导型的站域，其地下公共空间活动以各种消费活动为主；在交通主导型的站域则是以换乘活动为主，并诱发出顺路型消费活动；在居住主导型的站域以通勤、消费活动为主，而且消费活动更多的是顺路型消费活动。

总体而言，在那些功能专门性较强的站点，如办公、换乘功能主导的站域，地下公共空间活动是以效率和目的性活动为主要特征。除了这四种基本站点类型外，还有大量二元主导或者混合使用的站点地区，这些站域的人群活动呈现出高密度、多类人群、峰谷结合的综合特征。

（3）人群特征。在地铁站域不同类型的使用者其空间需求存在差异性，因此这些群体在轨交站域地下空间中的活动也自然不同，比如按照年龄可将使用者群体分为老年人、中年人和青年人三种，由于这三种群体年龄的差异性，他们在地铁站域的活动呈现出群体分异特征。一般而言，选择轨道交通作为主要出行方式的老年人，其出行目的是以换乘和消费活动为主，如逛逛超市、拜访亲友等活动，时段主要集中在平时时段；青年人以通勤活动和消费活动为主，通勤活动时段主要集中在上下班高峰时段，但是在消费活动上目的型消费和顺路型消费兼有，活动时段选择也更为灵活；而中年人在地铁站域的活动总体以通勤活动为主，时段主要集中在上下班高峰时段，消费活动多以目的型消费活动为主，部分中年人群体兼有老年人和青年人的一些活动特征。

（4）流量特征。轨交站点作为最重要的人流发生源，每天有几万到几十万人通过站点疏散，轨交站点的不同流量使得该区域地下公共空间活动总体强度呈现出差异性，总体而言，在站点流量越大的区域，由于这类区域聚集了更大的人流量，其地下公共空间活动的强度也越大，而站点流量越小的区域，其地下公共空间活动的强度也越小，站点流量与公共空间的平均活动强度呈现正相关。

3. 地下空间的行为组织

地铁站域地下公共空间的行为组织是周围功能性空间合理布局的基础，因此首先需要在兼顾城市经济、交通和活力三个维度的基础上对这些行为进行有重点、有层次的组织，并基于行为特征和空间需求的不同再对功能性空间进行合理布局。地下公共空间的行为组织主要分为以下三个阶段：

（1）以实现站点区域的通畅步行为首要目的，形成降低外界干扰的初级步行网络。轨道交通每天带来大量人流在站点周围集散，如果这些大规模的人流组织不好，则不仅不能有效地解决城市交通问题，导致轨道交通使用效率的降低，甚至会造成到区域功能性空间使用状态的恶化，致使区域整体活力的下降。因此，要以实现区域的通畅步行作为地下公共空间行为组织的首要目的，通过实现无（少量）阻隔点、冲突点的步行路径，并在通畅步行的基础上叠加换乘点（区）和通勤目的点来形成初级步行网络，只有在这个目标得以实现的基础上，才可能进一步对其他行为进行有效组织。

（2）通过组织顺路型消费和部分吸引点消费，形成以商业活动为主的基础行为网络。在初级步行网络建立的基础上，需要进一步通过消费活动的引入来给站点地下公共活动区域带来持续的活力和一定的经济效益，一方面在地下公共活动节点上布置一些诱导性强的吸引点消费空间，另一方面需要布置零售、服务类商业空间，以增加顺路型消费活动，在地下公共空间中建立起基础行为网络。

（3）植入目的型消费区和吸引点来塑造各具特色的地下公共空间活动区域，形成多种活动交替发生的复合行为网络。在基础行为网络建立的同时，再通过发展客流量大、开发强度大的目的型消费区，或者结合办公区、城市公园出入口等建立各具特色的目的性吸引点，通过这些吸引点来积极引导人流流动，进一步刺激地下公共空间的生长并带动区域地下公共活动的丰富，以形成各具特色的公共空间区域和更为复合的行为网络。

（三）地铁站地区的地下空间构成

1. 地铁站地区的地下空间构成要素

对于一般的地铁站区地下空间而言，它由地铁车站、步行路径、节点空间、功能空间、垂直联系等构成。其中，作为地下空间系统核心的地铁站，是整个系统的动力之源。

（1）地铁车站。地铁站的埋深可分为浅埋（轨道标高为地下 7～15m）、中埋（轨道标高为地下 15～25m）、深埋（轨道标高为地下 25～30m）。通常地铁站点由站厅层、站台层两层构成，站点两端是地铁设备区，包括设备室、监控室以及地面的风井、冷却塔等地铁设施；中间（岛式站台）或两侧（侧式站台）为乘客通行区，由闸机分割为付费区与非付费区。

（2）步行路径。人的活动在地铁站点区域表现为各种各样的动线，是人们在行走过程中动态的、连续的空间路线，而人流动线的主要物质支撑就是路径，它是使用者潜在的移动通道，被用来输送大量人流至不同功能空间。地铁站地区地下路径主要有以下两种类型：

1）公共路径。该路径的空间产权（或土地使用权）属于公共的，18h（如早6点至晚24点）以上开放，且为公众自由免费出入。公共路径是连接地铁站收费区与城市街道及其他功能空间（如零售、餐饮、文化等）的通过性步行路径。

2）准公共路径。该路径的空间产权（或土地使用权）属于私人的，12h以上限时向公众开放及自由免费出入。

（3）节点空间——下沉广场、下沉庭园、地下中庭等。不同于路径的线性特征，节点空间以点状要素为特征，具有或连接或集中的特点，它可以是步行路径中局部突变的空间，也可以是整个步行系统的焦点和核心。在人流动线中灵活布置公共空间节点，不仅可以聚集公共活动、有效打破过长路径的单调感，还可以为使用者提供定位、联系、转换的空间，所以节点空间是路径结构的重要支撑。

（4）功能空间——商业等。由于地铁站的人流量很大，因此地下步行系统的功能空间主要为依托人流的零售、餐饮等商业空间。地铁站区地下商业有两种形式：一种形式是在地铁站通往其他建筑物的连接通道两侧设置店铺，商店一般进深不大，主要供乘客顺路消费；另一种则是与地铁站直接相通的周围建筑物的地下商业空间，通常规模较大。地铁站地区地下步行系统也可连接其他城市功能性空间，如交通枢纽站、办公、文化、健身、停车等，提升活动多样性，从而形成有活力的步行系统。

（5）垂直联系。台阶、坡道、各类楼梯、自动扶梯、升降机等垂直联系是联系地下地上的媒介，它与步行路径、节点空间、功能空间相互结合，共同构成地铁站地区多层面的公共活动区域。其中，对于大人流的地下公共空间而言，经过多个案例样本的观测实证，双向自动扶梯是最为重要的垂直联系要素，其次为单向自动扶梯、电梯、大台阶和普通楼梯及坡道。

2. 地铁站地区的地下空间构成类型

（1）孤岛式。地铁站在初期呈现出独立的形式，地下公共空间是以通道形式的非付费区。这种类型是应用最为广泛的，通常站点的开发先于周边地区的建设，以用来带动地铁沿线的发展，而在演变过程中呈现出可与建筑、景观、市政等结合在区域网络的组织中。

（2）上盖物业结合式。随着城市的发展，城市用地日益紧张，为提高城市土地资源利用效率，开始出现对地铁上盖权进行开发的案例。在地铁上盖物业开发模式中，地铁站与其上商业或办公相衔接，有些通过其上盖物业再经过天桥等设施与周边其他物业建立便捷的联系是其最大特点。

（3）通道结合式。这是相邻物业开发较常见的模式，相较于上盖物业结合式，其地铁与周边物业的关系显得更为独立，但是开发项目内部可以通过地下通道等方式直接联系地铁。大多数情况下，地铁与周边项目都拥有至少一个直接的连接通道或接口。这种开发模式相较于上盖物业的开发，在地铁与其他物业的施工配合上较为宽松，因此也更容易实现。

（4）网络整合式。当地铁站点周边有多个相邻开发项目时，将这些项目的地下空间通过地铁站相连，可串联成初步的地下公共空间网络。

（5）多站整合式。在城市（副）中心地区，由于轨交站点密集且各类开发强度大，此时可围绕多个地铁站，整合相邻购物、餐饮、交通、休闲等功能，将区域内的各种设施以步行系统连接成整体，形成较完善的地下公共空间网络。

由此可见，地铁站地下空间构成的建设发展经历了不断演进的过程，各个阶段有不同的特点，但与建筑、景观、市政等的结合程度逐步提高，相应地，对于城市发展也具有促进作用。

（四）地铁站的设计方式

1. 独立出入口（孤岛式）

采用独立式出入口方式的地铁站地下空间往往以交通疏散功能为主，地下公共空间开发规模较小，往往以快速高效地完成地铁乘客通勤行为为设计目标，满足地铁系统基本的通勤需求。权属明确、管理维护简单、所需投资少、建设周期短。但这种布局方式未能充分利用城市轨道交通站点积聚人流所带来的发展机会，而因周边地下开发与车站主体保护间距和地界退距等造成地下可开发空间资源的浪费，并与周边地下空间开发隔离，对推动站点区域地下空间的利用形成较大的制约和局限。

2. 上盖物业结合式

城市道路上方及下方空间的物权归属为公共区域，而对于地铁站上方的空间权属却未有过具体规定；地铁车站上盖物业开发若不是地铁投资开发主体，则在规划、设计、施工、运行等多个时序安排上较难协调。因此，物权、使用权、管理权的明晰以及不同开发主体的协调是地铁上盖物业开发成功的关键。

对此类地铁上盖（含地下）空间开发实际案例相对较少，它通常也要求地铁部门与上盖物业开发商在结构、功能上要达到很高的协调度。地铁站采用与上盖物业一体化开发模式，给其上的商业办公物业带来了便捷的可达性，同时包括出入口、风井、冷却塔等地铁设施都与上盖物业结合设置，消除了对城市环境的消极影响。

3. 通道结合式

当地铁车站周边有大型商场时，可通过连接通道使地铁出站通道经过或直接通往地下商业区域。由于一个地铁站的辐射范围有限，当连接通道的长度超出行人舒适步行范围时，地铁站的人流量对所连接的商业设施的活力起到的作用就会减弱。

4. 网络整合式

当地铁车站周边有多个相邻开发项目时，可通过地铁车站的非付费区及连接通道将这些在地面层被城市道路阻隔的设施串联起来。

5. 多站整合式

当市中心地铁车站经过城市商业、文化中心区等开发面积较大的区域，周边有大量地下商业或其他公共设施时，若能利用地铁通过地下公共空间与周边功能进行整体开发或与未来开发空间预留连接通道，形成与周边项目地下空间一体化开发的步行体系，则可以有效地引导地铁站人流，使城市空间的基面由地面层扩展到地下层，从而形成具有活力的地下空间体系。多站整合式除了连接地铁站与商场之外，还成了商场与商场之间的重要联络通道，有效缓解了地面人行车行的矛盾。

二、下沉广场、下沉中庭和下沉街及其设计要点

（一）下沉广场及其设计要点

1. 下沉广场的概念

下沉广场是指广场的整体或局部下沉于其周边环境所形成的围合开放空间。下沉广场是城市地上、

地下公共空间联系最为常见的介质形式之一。下沉广场为地下空间引入阳光、空气、地面景观，打破地下空间的封闭感；下沉广场提供的水平出入地下空间的方式，减少了进入地下空间的抵触心理；下沉广场所具有的自然排烟能力和自然光线的导向作用，有利于地下公共空间中的防灾疏散。

下沉广场作为城市公共空间，能够创造舒适的活动场所、形成建筑多层次入口及改善地下空间环境。下沉广场与周围地面的高差，有利于隔绝噪声干扰和寒风侵袭，在城市中心创造一个闹中取静的小天地。由于与地下商业、地下步行系统结合的便利，更可成为市民户外活动、享受自然、社会交往和休闲娱乐的场所。

2. 下沉广场的类型

根据建设动机和功能类型，下沉广场可分为地铁车站出入口型、建筑地下出入口型、改善地下环境型、过街通道扩展型和立体交通组织型等类别。

（1）地铁车站出入口型。城市地铁车站与下沉广场相结合，可形成扩大的地铁出入口。它不仅作为地铁车站的出入口缓冲空间，还能与其他城市功能进行结合，提高城市运行效率和空间环境质量。地铁出入口型是下沉广场最为常见的类型，多位于城市中心、交通枢纽站等交通量较大的区域。

（2）建筑地下出入口型。对于本身拥有大型地下使用空间的建筑而言，以下沉广场作为扩大的地下层出入口，可以增加地下空间的地面感，提升地下部分的使用价值。大型建筑交通高峰时段需要较为开敞的空间对人流进行快速疏解，下沉广场能够为建筑带来多层次的出入口空间。

（3）改善地下环境型。由于大面积地下活动空间的存在，通过下沉广场引入自然采光通风和地面景观，可增加地下空间的方位感和地面感，提高地下空间的舒适度，消除人们对地下建筑的不良心理，加大地下公共空间的氛围与活力。

（4）过街通道扩展型。过街通道扩展型下沉广场有多种形式，包括扩大的地下过街道出入口以及整合多个地下过街道等。随着城市交通压力越来越大，宽阔的机动车道和密集的车流将原有道路两侧街区的联系割裂，导致道路两侧的人行交通受阻。为改善行人过街的环境，在被割裂的区域可设置下沉广场满足行人过街需求。下沉广场使得行人过街更为方便安全，并保持街道两侧城市空间的联系与活力。

（5）立体交通组织型。在交通复杂的大型交通枢纽地区，下沉广场能够立体组织复杂的人车交通。此类下沉广场最典型的是用于火车站前广场，如沈阳北新客站、深圳火车站。

3. 下沉广场设计的空间形态

（1）下沉广场的平面模式。

1）下沉广场的平面形态。下沉广场的平面形态按规整程度可分为规整型和自由型两类。规整型下沉广场的平面形态由规整几何图形构成，具有较强的仪式感。自由型下沉广场，广场平面形态呈现自由、不规则的特征，能够适应更为复杂的城市环境，与周边场地良好契合。

2）下沉广场与周围地下空间的关系。下沉广场虽是多种活动的适宜场所，但步行交通仍是其主导功能，平面布局应以满足步行交通顺畅为前提。在下沉广场的基本功能中，步行交通是主导功能，商业是支持功能。下沉广场内步道和商业空间的平面关系主要模式包括：①单重步道。步道直接穿过下沉广场，商业空间位于步道两侧。这种方式交通导向明确，但单重步道易受不良天气的影响，常用于较为简单的小型下沉广场。②双重步道除了有穿越下沉广场的步道外，在下沉广场周围还有室内环绕步道，使用者可根据需要选择步行路线。双重步道之间的商业空间可同时服务两侧步道的人流。这种模式可以满足下沉广场全天候步行的需要，如纽约洛克菲勒中心下沉广场。③多重步道相比较于双重步道模式，多重步道模式中商业空间分散设置于下沉广场中央，通常是非固定的流动商业，可根据交通流量变化、活动类型进行灵活调整，因此下沉广场内的步行流线可以有多种选择。这种模式多见于规模较大的下沉广场或多层下沉广场。

（2）下沉广场的剖面模式。

1）下沉广场的深度类型。根据广场与周边建筑及环境的剖面关系，可以将下沉广场分为半下沉型广场、全下沉型广场和立体型下沉广场三类。

半下沉型广场地面略低于外围地面标高，内部视线高于外围地面环境，以台阶或斜坡联系地面空间。全下沉型广场整个广场下沉到与地下空间地面相平的程度，有效解决不同交通方式的衔接过渡，并提供闹中取静的活动空间。这类下沉广场使用最为广泛。立体型下沉广场适用于深度较大的下沉广场，可采取逐级退台的方式创造宜人的尺度，缓解下沉过深而产生的空间压迫感。

2）下沉广场的高宽比。下沉广场的基本要求是围合感和开放感的平衡。围合有利于使人的注意力集中于空间之中，开放感有利于广场与城市环境的联系。下沉广场的高宽比对此有很大影响。

就一般的广场而言，当广场高宽比为1：2时，广场中心的水平视线与界面上沿的夹角为45°，大于人的向前视野角度，具有良好的封闭感；当广场高宽比为1：3.4时，与人的视野呈30°角时，是人的注意力开始涣散的界限，封闭感开始被打破；当广场高宽比为1：6时，水平视线与界面上沿的夹角为18°，开放感占据主导；当广场高宽比为1：8时，水平视线与界面上沿的夹角为14°，空间的容积特征消失，空间周围的界面如同是平面的边缘。

下沉广场与地面广场的重点有较大不同。地面广场通常遇到的问题是空间过于开放，需要适当加强围合感；而下沉广场的问题则是空间过于封闭，需要加强开放感。因此，最为重要的指标是视线小于30°，即广场高宽比小于1：3.4，以产生视觉开放感。

（二）下沉中庭及其设计要点

1. 下沉中庭的概念

下沉中庭是建筑的中庭底面延伸至地下层所形成的公共空间，包括室内下沉中庭和半室外下沉中庭。通常下沉中庭是由于建筑地下层作为公共活动空间而将中庭空间延伸至地下，或为方便建筑地下层与地铁车站连接而设置。

2. 下沉中庭的类型

下沉中庭为城市公共活动、商业及交通集散等活动提供了一个过渡空间。中庭空间常位于建筑核心部分，发挥建筑交通的枢纽作用。下沉中庭给地下空间带来自然采光和通风，并将外部城市景观引入地下空间，改善地下空间的环境。下沉中庭与城市地铁结合，作为建筑的重要出入口，方便了人们的城市活动。根据下沉中庭的主要建设动机，可将下沉中庭分为建筑中庭下沉型和改善地下空间环境型两类。

（1）建筑中庭下沉型。建筑中庭采用下沉的方式使得建筑与城市地下空间系统的联系更为方便。城市地下空间的开发首先是从地铁等地下交通建设开始的，建筑中庭下沉后与地铁车站站厅层形成水平连接，一方面使大量的地铁人流与地上建筑人流不出地面即可进行快速疏解，缓解地面交通压力。另一方面，地铁的大规模人流提高了建筑地下空间的商业价值，下沉中庭中的特色环境也为地铁车站塑造了各具特色的出入口空间。

（2）改善地下空间环境型。改善地下空间环境型是指建筑主体功能位于地下时，通过下沉中庭，引入自然光线、通风或地面城市景观，改善地下空间环境，使地下空间获得如同地面般的感受。此类下沉中庭常用于地铁车站或深入地下的大型综合交通枢纽。

3. 下沉中庭设计的空间形态

（1）下沉中庭围合界面模式。下沉中庭与建筑平面的位置关系对下沉中庭的围合、开放性有重要影响。依据下沉中庭与建筑平面的关系，可以得到以下四种模式：

1）单面围合。下沉中庭位于建筑一侧，平面呈面形或线形，空间内自然光线充足，能够获得最大的城市开放性。

2）双面围合。下沉中庭位于两座建筑之间，空间具有一定的方向性，平面呈线形。

3）三面围合。下沉中庭一侧敞开，三面被建筑围合，形成一种介于城市与建筑、室内与室外、地面空间与地下空间的公共空间。

4）四面围合。下沉中庭位于建筑中部，空间围合感强烈，是建筑内部交通与城市交通的核心枢纽，是最常见的下沉中庭类型。

（2）下沉中庭的开放性。根据下沉中庭的开放性，可分为室内型和半室外型两种。

1）室内型。下沉中庭完全位于建筑室内，内部活动不受室外环境气候影响，适应性广泛，大多数下沉中庭均采用这种形式。

2）半室外型。下沉中庭侧面不封闭，顶部遮盖可防雨，与城市开放空间融为一体，使用不受建筑营业时间限制。

（三）下沉街及其设计要点

1. 下沉街的概念

地面具有连续开口的地下街即为下沉街。下沉街引入自然光线、景观，形成类似地面街道的感觉。随着城市地下空间的多点发展，下沉街能够把一个较大范围内的建筑地下空间相互连接，发展为城市地下空间网络，促进城市地下空间环境的改善和公共空间的扩展。

2. 下沉街的类型

与地下街相比，下沉街在自然环境、交通组织、内部活动、疏散防灾等方面具有更多优势。下沉街通过顶部开敞，能够获得自然采光和外部景观，易于识别，利于防灾疏散，与地面空间联系方便。特别是它与城市开放空间融合度很高，便于创造城市中富有活力的公共空间节点。

（1）城市空间缝合型。当城市空间被城市交通干道分隔而造成联系不便时，通过建设下沉街，把交通干道两侧的城市空间重新缝合为整体，提高城市空间的整体效益，这种类型即为缝合地面空间型下沉街。

同时，下沉街与地铁站结合，成为进出地铁站的过渡空间。下沉街利用坡道、扶梯、楼梯等垂直联系构件将地铁带来的人流导入地面空间，沿下沉街两侧分布的小店铺与建筑地下空间内的大商场连通，给商业街带来了大量的人气，提高了商业氛围。下沉街在已有地面商业街的基础上，产生了地面地下两个层面的步行商业街，提高了原有地面层的商业活力。

（2）活化地面空间环境型。城市中的大型绿地、广场等公共开放空间，常常由于景观控制不宜建造地面建筑，导致地面公共空间活力不足。为了对地面空间提供行为支持，开发下沉街以增加地面的功能配套。

3. 下沉街出入口方式的设计

下沉街的出入口是进入下沉街的过渡空间，对提高下沉街空间的识别引导性、减轻进入地下空间的不适感、增强地下空间活力具有重要作用。下沉街出入口设置方式可分为普通型、下沉广场型、建筑内部型、建筑中庭型四类。

（1）普通型。常位于线性下沉街端部，采用楼梯、扶梯、坡道等简单垂直连接构件。

（2）下沉广场型。常在下沉街出入口节点位置设置识别性较强的识别广场，较多用于大型的地下广场。

（3）建筑内部型。位置相对较为隐蔽，通过地下步行系统将建筑与外部下沉街相连。

（4）建筑中庭型。建筑中庭通过下沉与地下步行系统的连接，使中庭作为下沉街的出入口。

第四节　克服地下空间心理及机制障碍的设计策略

一、克服地下空间心理障碍的设计策略

人们对于地下空间环境的感知与体验依赖于一定的意象和图式，而人们最习惯最熟悉的外部空间实际上是人与自然进行"光合作用"的地面环境。只有在自然环境中，人们才会在生理和心理上都达到最佳状态。因此，地面是地下空间心理愉悦的策源，当地下的环境向人们熟悉的地面环境方向发展时，人们是可以克服潜在的心理障碍的。

（一）引入自然光

尽管现在已有了可以非常接近地复制自然光光谱特征的全光谱灯泡，但是，在地下空间设计中还是应尽量引入自然光，这不仅可以满足人的基本生理需求，而且可以加强与自然环境的接触，在视觉心理上减少地下空间所带来的不适感。因此，如何通过引入自然光来打破地下的封闭感，克服潜在的心理障碍，是地下公共空间设计的重要内容。总体来看，将自然光引入地下公共空间有直接采光和间接采光两种方式。其中，引入直接光是通过不同类型的建筑开洞进行采光；引入间接光则是利用集光、传光和散光等装置与配套的控制系统将自然光传送到需要照明的部位。

1. 直接采光方式

（1）玻璃天窗采光。玻璃天窗采光，又称顶部采光，是通过地下空间的顶部开设与地面相通的玻璃天窗，最大限度地引入自然光，这是一种比较常用的地下空间采光方式。

（2）下沉广场采光。下沉广场采光通常应用于用地面积较宽敞的城市开放空间中（如市中心广场、站前交通广场、公共建筑人口广场和绿化公园等），通过地面的局部"下沉"，在下沉空间的边侧开设大玻璃门窗以引入自然光，这样地下空间可以得到如地面一般的柔和侧向光，有利于模糊地上、地下的差异。

（3）建筑中庭采光。建筑中庭采光一般是在大型建筑综合体内通过上、下贯通的竖向中庭空间，将阳光由顶部的玻璃穹顶引入地下，这可以有效消解地下空间带来的封闭单调和压抑隔绝的不良感受。

2. 间接采光方式

（1）导光管法。导光管照明系统不同于传统的照明灯具，是一种新型的高科技照明装置，它的原理是把光源发出的光从一个地方传输到另一个地方，先收集再分配，从而进行特定的照明。常用的导光管照明系统主要由聚光器、光传输元件和光扩散元件三部分构成。其中，聚光器的主要用途是吸收太阳光，

并把它聚集到管体内，也有的聚光器能够通过计算机的控制来跟踪阳光，以便能最大限度地收集太阳光；光传输元件是利用光的全反射原理在管体内部传输太阳光；光扩散元件则是利用漫反射的原理，将收集的太阳光扩散到室内。在实际项目中，竖直向导光管的应用最为普遍。

（2）光导纤维法。光导纤维采光照明系统一般由三个部分组成：聚光器、光导纤维传光束和照明器。对于地下空间来说，把聚光装置放在楼顶，然后从聚光器下引出数根光纤，再通过总管垂直引下，利用照明器发光，从而满足地下空间的采光需要。

（二）引入地面景观

引入地面景观是克服地下公共空间心理障碍的另一个重要途径。景观指自然和想象中的开放而广阔的景色，类似于风景、景色等，主要是针对人类而存在的视觉事物，存在于人们的视觉感受中。大自然中的许多景物，如瀑布、溪流、树木和花草等，都会使人感到舒适、愉悦和兴奋，如将这些自然景观直接引入地下公共空间，甚至引入大自然的环境声，如水声、鸟声等则都可以增加地下空间的地面感。引入地下公共空间的地面景观大致可以分为地形景观、绿化景观、水体景观等。

1. 地形景观

从地理学的角度来看，地形是指地球表面上高低起伏的形态，如平原、盆地、丘陵、河谷和高原等。由于地面与地下之间存在着高差，为地形的人工塑造提供了有利条件。

有的地形景观运用柔美流畅的曲线来模拟自然倾斜的地形地貌。例如在韩国国家湖畔公园设计中，强化自然草坡的概念，对原有的公园小路、运动活动场地以及受损的林区进行恢复和重塑，并通过地景建筑设计的手法增加新的健身娱乐设施，利用下沉庭院提供场地与建筑内的自然通风，面向下沉庭院而逐级跌落的大台阶可供游人休息、观赏和交流，形成地面与地下相互渗透的多层次空间。

有的地形景观强调抽象简洁的几何线条，如运用嵌草大台阶或几何形土坡营造出丰富而有序的地形层叠关系。"在美国明尼苏达大学地下系馆的设计中，扇形的下沉广场从地面景观层面开始跌落，每层都有绿化景观和休息平台，其规则的形态与核心建筑相互呼应，很好地整合到场地中。"

还有的通过地面景观的倾斜和延伸，让地形肌理自然地延续至地下空间。如在美国越战纪念馆设计中，一片大草坡通过缓缓下降的坡道将人流引入下沉的纪念碑墙，整个场地与原有地形相互嵌套，融为一体。

2. 绿化景观

绿色植物是自然与生命的象征。如果巧妙地引入植物景观，可以柔化以人工环境为主的地下空间，还可以改善地下空气质量，营造健康舒适的空间氛围。

在韩国国家生态研究中心，地景式建筑结合自然地形蜿蜒伸展，设计师在地面和下沉庭院中种植大量植物，让人身处绿化环境之中，游客既可以在户外享受自然风光，同时也可以进入大棚内去体验热带雨林、瀑布、微型山等自然风景，开敞的设计使下沉庭院阳光明丽，生机盎然；土耳其伊斯坦布尔商业综合体则利用跌落的弧形绿化平台和浓密的灌木种植，为地下商业街空间提供生态绿化景观，让人们更加心情愉悦地购物休闲；而在法国国家图书馆中，一个大尺度的下沉庭院镶嵌于周围宏伟的建筑群中，庭院内种满了参天大树，空气清新，为市民提供了安静祥和的学习氛围。

3. 水体景观

亲水戏水是人类的天性，与绿化植物相比，水体显得更为活跃而生动，除了视觉上的吸引力外，流动的水还能给空间带来灵气，唤起人们对大自然的美好记忆。在地下环境的设计中，可以通过丰富多彩的水景形态及其亲水设计给地下空间带来活力和魅力，增加空间的景观层次与趣味性。

有的利用下沉空间的地形高差组织跌水景观，如人工瀑布和阶梯状叠水等。如加拿大温哥华市滨水区的梅赛尼斯公司总部大楼，结合地形设计了一个舒适宜人的下沉休闲庭院，面向街道设置了大台阶进行引导，喷泉、跌水景观与步行台阶互相平行布置，地面人群可以沿着跌宕起伏的入口水景走下。这些丰富多样的动态水景不仅可视，而且可听不同的跌水景观造成的不同视听效果，有效遮蔽了周边街道的汽车噪声，为滨水区提供了一处安逸闲适的公共休息场所。

还有的在下沉空间中设置人工水池，模仿自然界中的湖泊景观，平静而舒展。如加拿大多伦多市的汤姆逊音乐厅北侧的下沉式庭院内布置的大面积静水景观，倒映天光云影，让人忘却身处地下，微风拂过，水池内水波荡漾，生机盎然。在严寒的冬季，水池则开放为溜冰场，吸引人们使用地下空间。

（三）引入城市活动

城市生活是一个潜在的自我强化过程，人们喜欢在有人活动的地方聚集，这是因为城市中每个人、每项活动都在影响和激发更多的活动。因此，通过城市活动的吸引将人流导入地下也是提升地下公共空间有效性的重要手段。通过活动的吸引和导入，地下公共空间将成为城市整体空间结构中的重要组成，这同时也拓展了城市活动的范围。

1.步行通行活动

地下的步行通行活动一般由功能性需求引发，最具代表性的是地铁站建设。地铁站点的流量每天少则几万人，多则几十万人，带来了大量地下人流，成为当前地下空间开发的发动机。

为了立体化解决地面快速道路对步行过街人流的影响，建设地下的过街通道或步道系统也可以引入更多的地下步行活动。例如，鹿特丹市为了克服该市最繁忙的交通要道克尔辛格尔街对中心区的切割，设置了一条从六车道马路地下穿过的步行街联通道路两侧的商业街区，同时也联通了地铁站和周边多个大型商场的地下商业空间，将分隔的城市重新连接起来，城市中心区作为流行的购物娱乐场所获得了重生。

2.商业消费活动

相对于步行交通的流动性，商业、购物、娱乐与休闲等消费空间则是吸引人们驻留于地下的重要内容，也是目前地下空间开发利用的重点。

近年来，发达国家先后开发了大量以商业消费为主体的地下综合体，成为大城市中心区建设的新趋势。德国、英国和法国等欧洲国家在战后重建中，结合轨道交通建设而开发了许多规模大、内容复杂的地下综合体，如慕尼黑、汉诺威的地下商业街建设等；北美大城市主要是为了解决密集的高层建筑群带来的市中心空间拥挤问题而开发地下空间，通过地下公共空间将周边高层建筑的地下空间连成体系，形成大面积的地下综合体，如纽约的洛克菲勒中心、费城的市场东街和芝加哥的中心区等；加拿大城市冬季漫长，半年左右的积雪给地面交通造成困难，因此大量开发城市地下步行系统。

许多亚洲城市也积极开发地下空间，建设立体化的商业综合体。在新加坡购物中心设计中，充分利用地铁的交通资源拓展商业空间，新建筑共8层，地下4层，商业涵盖时装、生活、娱乐和餐饮等不同业态；中国台湾京华城也是一个垂直式的都市型购物中心，建筑共有19层，包括地下7层，内容包含百货公司、电影院、俱乐部、零售商店、餐厅和停车场等，是一个多功能复合的休闲购物中心。

3.社会交往活动

社会生活是城市公共空间的灵魂。地下空间要成为城市地下公共空间，首先应成为承载社会生活的容器。社会生活往往体现着主体的复杂多元性，既包含社会人群的多元性，也包括活动类型的多元性，还包括时段使用的多元性。因此，要主动吸引人进入地下公共空间，更需要借助丰富多彩的社会生活。

许多下沉广场利用地形高差和视线开阔的空间优势，举办精彩的文化展示活动来吸引市民参加。在斯德哥尔摩的赛格尔广场，经常举办大型的文化节活动，包括演唱会、街头艺术、舞蹈表演、露天电影与节日庆典等，市民可以在广场上观看各种演出。而在冬天，下沉广场被布置成圆形的溜冰活动场，为市民提供了更多的社会交往机会。

除了互动性强的观演活动外，地下空间也会通过水面、绿化和雕塑小品等来营造安静宜人的休闲场所，吸引人们交流与休憩。例如在多伦多汤姆逊音乐厅的下沉庭院中设置了大面积的水面，听众在演出休息时可以出来在水边放松心情或交流感想。

二、克服地下空间建设机制障碍的设计策略

要素整合是推进城市地下公共空间有效发展的城市设计方法。无论是光引入、景引入，还是活动引入地下，作为地下公共空间愉悦的策源，都离不开地面，离不开地下与地面城市要素的整合，离不开地下与地面的一体化设计。因此，地下公共空间作为城市公共空间的一部分，同样需要通过城市设计对城市要素进行三维的整合设计。

总的来看，这种整合主要包括两种模式：①在城市公园、广场和道路等地面公共空间之下建立地下公共空间体系，然后再连接相邻私人开发（或运营）地块的地下空间，其优点在于空间权属简单，实施操作性强，比较容易保证地下公共部分与私人开发之间的高度连通性；②在私人开发（或运营）地块内部建立地下公共空间体系，通过不同街区内建筑地下空间之间的相互连接而成为共同依存的地下网络，其优点在于较容易获得高品质空间，但须依赖于各个私人业主之间的相互协作与配合。

（一）地下空间与公园绿地一体化

公园绿地指城市中向公众开放，以游憩为主要功能，兼具生态、美化和防灾等作用的绿地，其中包括公共绿地、河流和滨水环境等城市开放空间。近年来，地下公共空间与公园绿地的整合设计呈现趋势为：①地下公共空间与城市的开放空间和自然环境穿插渗透，形成绿色的开放空间网络；②立体集约化开发绿化空间，增加城市绿地拥有量，改善地下空间的环境品质。

1.形成绿色空间网络

地下公共空间作为城市公共空间的重要组成部分，首先应从城市的角度去认识其在城市开放空间和自然环境中的角色与作用。通过绿色生态网络的建设，将各种类型的城市公共空间与自然环境融为一体，这一方面可以使处于地下公共空间中的人们感受到外围环境的自然气息，另一方面也扩展了城市的绿色生态空间。

（1）与绿色公园整合。土耳其伊斯坦布尔市的梅伊丹购物中心位于城市中发展速度最快的新区。为了让购物中心的体量成为其周边郊区生态景观的延伸，而不仅仅是采取郊区购物中心常见的孤立在沥青场地上的大卖场加周边停车场的模式，设计师从立体多层面的视角出发，充分利用地形地貌等基地自然特征，将商业建筑群设计成有着大片绿化的生态公园。所有建筑的屋顶都种植绿化草坡，成为与城市周边地表相连续的公园绿地，大部分屋顶上可供行走和休憩，同时通过屋顶采光来建立室内购物空间与屋顶花园间的视觉联系，强调梅伊丹的购物体验与购物中心上部的绿化空间是息息相关的。相互串联的商业建筑群成环状布置，基地中心是半下沉的城市广场，这里可以便捷地去往地下停车场、地上商店甚至屋顶花园；建筑屋顶多处与周边的街道相连，购物者可以通过倾斜的屋顶走向附近的生活住区，这无

疑颠覆了郊外购物场所的传统概念，不仅将购物、娱乐、休闲和交通等功能融为一体，而且为缺少绿化空间的伊斯坦布尔新市郊提供了一个绿意盎然的社区公园。

（2）与水系整合。福冈博多水城是日本历史上最大的私营地产开发项目之一，也是美国捷得事务所在境外实现的第一个城市综合体。福冈是一个水天相连的河流城市，项目基地位于市中心滨水区的一个废弃的工厂旧址上。为了将基地与周边充满自然气息的滨水区相连接，设计师充分利用水环境资源，将基地南岸的河流——那柯川的河水直接引入基地，开辟了一条下沉的人工运河穿过整个商业建筑群，故取名为"水城"。这条约180m长的人工运河，将基地的5个街区接为一体，容纳了购物街、影剧院、娱乐、酒店、展览和写字楼等多种城市功能。设计师强调水的主题，建筑被塑造成曲线优美、色彩艳丽的峡谷形状，有机地排列在运河的两侧，建筑界面如同坚硬的悬崖壁，而曲折蜿蜒的河水则给整个空间注入了柔和与灵气，极大地活跃了整体环境。弧线形地面的铺设也颇具匠心，呈现出矿石砂砾等水岸的肌理质感，加强了与外围地理地貌的呼应。在缓缓流淌的中央运河两侧是富有魅力的亲水休闲场所，在临水舞台上，艺术家每天都举行各种文化演出，同时还有精彩的喷泉表演，提高了人们在购物环境中体验自然的品质。

2. 立体开发绿化空间

城市绿地与地下空间的一体化开发在增大城市绿化量的同时，为了提高土地利用效率，可以将城市的商业、文化、娱乐、交通及市政等城市功能设施整合于地下空间，实现综合效益的最大化。城市绿地与地下功能的立体整合主要采用竖向叠合的方式，可划分为地面绿地、浅层地下公共活动层和深层地下交通或设备层三个层面。依据地下功能的类型，又可分为城市绿地与地下交通空间、地下文化空间和地下商业综合体的一体化开发。

（1）城市绿地与地下交通空间结合。地下空间可以创造另一个层面的城市交通空间，将绿地与地下快速道路（轨道）、地下车库等交通空间复合开发，既可以立体化解决人车交通问题，又可以增加绿地面积，提高土地利用率。

在绿色交通理念的倡导下，城市绿地目前越来越紧密地与城市轨道交通站相结合，通过自然环境的融入提升市民日常出行的空间品质。另外，利用城市绿地下宽敞的地下空间，与地铁站建立便捷的步行连接，也可以创造出积极的公共活动场所。

（2）城市绿地与地下文化空间结合。城市绿地是与环境、景观和游憩功能并重的，如果与城市的文化休闲功能相结合，将会有效提高公园的生态价值与文化品位。随着社会经济的发展，博物馆、展览馆日益成为城市重要的文化活动场所，其功能也日趋复合化，注重与自然环境的结合。

（3）城市绿地与地下商业综合体结合。在土地价值高、开发强度大的城市中心区，结合城市绿地，在地下建设集交通、购物、文娱和餐饮等功能于一身的商业综合体，既可以改善地面环境质量，也可以创造良好的经济效益，促进周边地区的发展。

（二）地下空间与城市道路一体化

在城市道路空间的立体化设计中，地面上一般以车道与人行道为主，地下浅层部分可以设置地下步道、地下道路和市政管道等，地下深层部分则可铺设快速的轨道交通。由于用地权属的不同，考虑到前期建设与后期运营的便利，道路用地通常与两侧的建设用地分离，地下交通空间与地面城市要素分离，各有各的使用空间。但是，考虑到城市地段的复杂性与街道断面的丰富性，这种传统的道路空间立体开发模式不是唯一的。并且，这种模式容易导致城市要素被孤立和分离，无法发挥地下公共空间的整体效应，从而影响城市地下空间的有效开发。

一般而言，步行是地下公共空间的主要通行方式，与机动交通之间存在着既独立又联系的复杂关系，这反映在地下公共空间与城市道路的空间组织上，主要有分离并置和立体整合两种模式。

1. 分离并置模式

城市快速道路是为了保证机动车的高速行驶，着重于提高机动交通的通行能力。由于机动交通噪声大，对步行安全也会造成危险，快速路需要与地下公共空间之间保持相互的隔离。

（1）地下车行。地下建设城市快速路是自20世纪90年代起开始推广起来的，随着地下工程技术的发展，越来越多地被应用于当今的城市建设中，这有利于在地面上留出更多的阳光和绿化空间供人们使用。

（2）地面车行。在大量机动车还没有条件转移到地下道路之前，且地面步行与车行交通之间冲突严重的情况下，车驶在地面、步行在地下也是种立体解决人车问题的方法。这可以保证步行的安全性和连续性，还可以减少恶劣气候对步行舒适性的影响，有的还能节省出行时间，特别是与地铁站的地下步行系统结合时，在地下步行的优势更为明显。

2. 立体整合模式

由于城市道路本身具有的可达性和公共性特征，当它与其他城市要素结合时应尽量提供空间易达与共享的可能性，促进地上、地下的空间融合和联动发展。因此，地下公共空间与城市道路的立体整合，不仅涉及城市的道路空间，也包括道路两侧的地块开发。从道路断面的类型来看，可以分为两侧车行和居中车行两种方式。

（1）两侧车行。目前城市中兴建和拓宽了很多交通流量大、机动车道多的城市道路，这虽然提高了机动交通的通行能力，但同时也造成了城市空间的割裂。如果利用道路中央分隔带进行公园绿化与地下空间的立体化开发，将双向的车行通道分设在两侧，则可以有效优化道路空间的尺度与品质，同时也有利于步行活动的连续性和安全性。

（2）居中车行。保持原有道路的车行空间，局部拓宽两侧的人行道宽度，利用人行道上的下沉空间或垂直交通设施取得地面与地下之间的活动联系，是道路立体整合的另一种方式。

（三）地下空间与地面建筑一体化

地下公共空间与地面建筑的整合，主要是通过一体化设计将地面建筑（公共建筑和城市综合体等）的节点空间与地下公共空间的垂直向交通和采光通风需求相结合，使彼此间的空间和活动能够延续。相对而言，地下公共空间与地面公共建筑的结合更体现在以建筑体为核心的地下空间向周边区域的辐射和扩散；而地下公共空间与城市综合体的结合则更体现在以地下公共空间为网络的城市街区地联结和整合。

1. 地下空间与公共建筑结合

地下公共空间与地面公共建筑的一体化设计是为了保证建筑空间与地下公共空间之间的有效联结和自然过渡，并通过自然光与景观的引入增强地下环境的地面感。通常地下公共空间通过中庭与建筑实现一体化。

建筑中庭通常指建筑物之内或之间的有玻璃顶棚覆盖的多层空间，可以形成建筑内部的"室外空间"，是建筑内部空间分享外部自然环境的一种方式。中庭空间形态多变、内容丰富，对改善室内环境品质和加强空间引导具有重要意义。

（1）节点型中庭。节点型中庭具有活动集聚和空间融合的特点。如在柏林波茨坦广场中，购物中心的室内下沉商业街不再是封闭、狭窄、单一、杂乱与如同迷宫式的空间，一个通高的内廊型中庭使得整个地下商业街明亮而富有趣味。同时，利用地下公共空间内部设置了很多关于节日主题的室内小品，创造出与地面空间相似的使用模式，体现出地下空间的城市性。

（2）联结型中庭。随着建筑技术的发展和建筑空间的复杂化趋势，形态丰富的联结型中庭目前使用得越来越多，不再局限于传统的节点式中庭和内廊式中庭。它可以是通过大跨度结构联结地下与地面空间的整体式中庭空间，也可以置于多组建筑之间通过统一的玻璃顶棚形成相互连接的中介空间。

2. 地下空间与街区型城市综合体结合

地下公共空间与街区型城市综合体的整合是在更大地区范围内的地下、地上城市要素的一体化设计，通过有效组织地下公共步行网络，将被城市道路割裂的行为活动及其空间重新缝合，有的还会考虑城市各种交通系统之间的换乘联系，形成空间资源的高密度、多元化整合，进而建构新的城市中心区形态。

在欧美一些城市，地下步行系统的发展已经相当完善，有的不限于一个街区内开发地下公共空间，而会跨几个街区，与地上建筑结合形成网络状的城市综合体。这不仅可以集聚地下公共空间的活力，而且可以发挥更大的效能蔓延至周边区域，从而促进整个地区的发展。从发展模式来看，可以分为地下平面式与空间立体式。

（1）地下平面式。地下平面式主要指城市公共空间依附于城市综合体建筑，并且在功能组织与布局上进行平面网络式布置。尽管在空间形态上是立体的，但是在规划布局上主要表现为通过地下空间在二维层面上对街区的整体功能进行连接。

（2）空间立体式。空间立体式是指将城市地下公共空间与城市交通功能叠加于城市综合体进行立体式重组，形成高效集约、多功能与多层面复合的城市空间。

总之，空间立体式与地下平面式不同的是，要将平面系统转化为交叠的立体网络，实现结构优化功能重组。一方面，通过网络连接，增加空间连接度，提高可达性，实现各种活动的联通；另一方面，促使城市多种功能立体重组，突破城市与建筑之间的边界，相互渗透。

第四章 城市公共空间设计——导识系统设计

第一节 城市导识系统的组成及作用

一、城市导识系统的组成

城市导识系统中最重要的是环境导识系统。"当今城市导识系统不仅将城市的交通系统与其他系统紧密联系起来,更赋予它们有序运作的引导信息。"环境导识系统要发挥其向人传播环境信息的功能,主要是依靠建成环境和依附于建成环境的标识系统,这两大部分也是环境导识系统设计研究的主要范畴。

(一)建成环境部分

人在某一空间区域中活动,很多环境构成要素本身的特点及形式结构就构成并传达了这一区域特殊的空间信息,这直接成为人认识及使用空间的依据。人能够解读城市中不同的物质形态(如建筑、道路等),从而实现环境认知及探路行为,这就是环境意象。环境导识系统中的建成环境部分即是指能给人提供环境信息、被人所认知的环境构成要素,如建筑、构筑物、地面及空间等。当然,由于建成环境部分的要素建设的直接功能目标往往不是为人传递导识信息,所以其起导识作用通常是依靠人对于建成环境的经验积累和行为习惯的养成。

(二)环境标识部分

环境标识的实质是以物质实体作为载体的,符号性方式传播信息的系列设施。环境标识系统是由依附于建成环境的一系列设施和构筑物组成,一般是在环境空间建成之后再添加的。所以环境标识系统要素在设计及布局上往往比建成环境本身有更明确的意义和更强的组织性,更利于人们将其作为认识环境及导向的工具。这使得关于环境标识的设计、布局等方面的研究成为导识系统的重要范畴。

从不同的研究角度和需要出发,环境标识有多种不同的分类方法。目前国内相关研究文献常用的分法如:从标识构成要素来划分,可分为图形标识、文字标识、声音标识等;从标识功能上来分,可分为引导标识、说明标识及警示标识等;按标识所属空间分,可分为商业空间标识、道路交通标识及私人空间标识等。从实现导识系统的通用设计来看,标识系统应从人本身出发,根据人获取标识信息与标识互动的方式来进行分类。而人是通过自身的视觉、听觉、触觉、嗅觉等感官来认知环境获取标识信息的,故标识的分类也应以此为依据。

在进行导识系统设计时需要根据具体空间环境的不同,分别运用不同的引导形式,具体如下:

第一,线性引导。线性引导是从寻路者所在起点直接指向各个目的地,并列有多个引导路线,且各个路线互相独立。

第二，集中式引导。集中式引导是在某一空间中所有的子区域均与之相联系，集中向寻路者展示可能的行进路线。

第三，分级交叉引导。根据环境中各个空间的使用功能、大小等，将空间进行等级排布，有顺序、分阶层地将寻路者引导至目的地。

二、城市导识系统的作用

（一）分隔空间

城市中的各种空间相互连续、相互重叠形成了模糊性及不定性，加上在城市不断发展的情况下，建成环境自身往往缺乏合理的规划，这使得环境空间给人方向上的不确定性。而环境标识系统则能通过图形、文字等传达环境空间的明确信息，其自身的形式及材质特征也易于被识别。所以环境标识系统往往能够起到明确的界定、分隔空间的作用。而在区域中成体系的各种标识也起到了以点带面的作用，强调了区域的整体性与序列感，这就将区域空间区别于其他空间。

（二）装饰环境

各种环境标识均有自身独立的形式特点与构成方式（多表现在视觉上），能够与环境互相作用形成空间特征。标识本身的形式也是环境空间特征要素的一部分，故而标识也可以对环境空间进行装饰，实现美学作用。

（三）营造场所感

标识系统通过传达空间特点的信息、装饰空间、与建筑环境互相交融，会在人的记忆中形成独特的空间特征。系统化的导识设施以点和面的形式在城市空间环境中加强人对于区域的三维立体感受；加上纵向的时间线索，区域空间中不同历史阶段所积累的各种形式的标识也促成了人对于空间时间维度变化的认识。这使得标识系统与建成环境的互相作用往往能够传达独特的场所感和空间的精神文化内涵。标识并非仅仅是为了做广告或招揽生意，它还能说明历史、生态、人的存在与交往、气候情况和表明过去曾发生过的事情以及基本价值标准。

第二节　城市导识系统的通用设计理念

一、从无障碍设计到通用设计的发展

无障碍设计的理念源自西方 20 世纪初的人道主义思想，进而被引入设计领域。1974 年联合国召开国际城镇无障碍环境设计专家会议提出，并在 1979 年被纳入国际标准化宣言的无障碍设计《指导大纲》之后，这一概念开始逐渐引起世界各国设计师的重视。无障碍设计要求设计关注如老年人、儿童及残障人士等特殊群体的原则受到公众和设计师的广泛欢迎。

无障碍设计的设计目标是消除（使用）障碍。这一障碍是指残疾者或部分能力不健全者对设计产品的使用不便或无法使用的情况。故无障碍设计理念主要着眼于从特殊人群的特殊需求出发，针对其特殊需要进行对应的设计改进或再设计。

在无障碍化设计发展的背景下，衍生出了通用设计的概念。设计时的考量对象不应该仅局限于特定族群，也就是说设计不应该只考虑行动不便的障碍者，应该在产品设计一开始就以全体大众为出发点，让设计的环境、空间和产品等能适合所有的人使用。

通用设计概念涵盖的范围更大，指向设计的最大范围的使用者，是对无障碍概念的发展和诞生。这一设计在美国得以推广普及并迅速在世界范围内传播，目前已经成为国际设计界比较关注的前沿问题，公共活动区域通用设计落实的程度，可作为衡量社会文明进步水平的一个标准。

从设计思路上来看，通用设计的理念弥补了前述无障碍设计的不足。原来无障碍设计思路的重点是对问题的解析分离，从共性中分离出个性，即针对特殊人群的特殊需求进行独立设计。这一设计方法所形成的设计产品往往只适用于某一特定人群，而无法被其他人群所方便使用。

而通用设计的思路是对问题的总结归纳，从个性中综合出共性并且兼顾个性，即找出能够同时服务特殊人群和普通人群的契合点，来改良设计产品使之能够人人共享。实际上，许多适应老年人及残疾人的通用设计也更好地改善了普通人的生活环境。如在通用设计理念指导下设计的导向牌字体更大且有夜光等辅助功能，能够让老人和弱视群体看清信息的同时，正常人群也看得更加清楚。

通用设计优点在以下两个方面：

（1）着眼于所有人群，消除了普通人群与特殊人群在使用设计产品方面潜在的隔阂与偏见，更加符合设计道德伦理的追求。

（2）协调并适应了广大消费者的不同需求，具有较好的经济价值和市场化潜力。

显然，通用设计的理念具有更广泛的适应性及包容性，更加符合时代发展的需要。这一理念的导入，为环境导识系统在新形势下如何解决复杂的设计问题提供了更合理的解决方案和设计思路。导识系统通用设计节能环保的优点也符合绿色城市建设的目标，通用设计目前不仅是设计趋势，还是确有市场潜力的设计理论。

二、通用设计的理念、原则及其发展

（一）通用设计理念及其原则的发展

通用设计的概念从提出到现在，被运用于如视觉设计、产品设计、建筑及环境设计等十分广泛的领域，其内涵和外延得到不断的发展和完善。

通用设计的基本精神是要通过完善设计从而使尽可能多的人来方便地使用，其要旨即是切身为使用者考虑。

为了使通用理念更好地指导设计实践，设计师、学者和相关机构在研究中相继提出了通用设计的各项原则。

最早提出通用设计理论后也提出过相应的设计原则，即3B原则：

第一，更好的设计（Better Design）。

第二，更美观（More Beautiful）。

第三，更高经济价值（Good Business）。

这一系列简短的原则从设计活动的整体理念出发相对简单和抽象，但为通用的原则奠定了基本的理念基础。

随着通用设计概念在全球范围内的传播，很多学者和研究机构根据实际情况和设计范畴的不同提出了其他的通用设计原则。如5A原则，即可达性（Accessible）、可调性（Adjustable）、可通融性（Adaptable）、有吸引力（Attractive）及可负担的（Affordable）。日本建筑学会也对通用设计原则提出了相应的六项说明，即包容性、便利性、自立性、选择性、经济性和舒适性。

综合来看，不同的通用设计系列原则都有共通之处，均基于通用设计的基本精神。这些设计原则给设计过程提供了参照点，也是评判设计产品通用程度的标准。之所以这些原则的提法和要点如此繁多，也反映了通用设计概念本身的广泛适用性和开放性——通用设计原则须结合不同设计领域的特点做相应的变通。

（二）导识设计指导理念的通用设计

当然从理论结合实际层面来说，通用设计并不是万能设计，并不能做到让导识设计产品为每一个人所用，亦无法真正做到让所有人都满意。实际上，不管设计师如何绞尽脑汁如何努力，也无法在一个设计中同时兼顾到所有人群的不同需求。而在动态的时空维度中，要使设计产品在不同情境下均能被所有人使用也是不可能实现的。而且，在进行具体导识系统设计时，完全按照通用设计原则进行操作，也不一定能够使设计产品通用化。

通用设计概念也指出，通用设计不是一门科学，也不是一种风格，而是让设计者认识市场需求，用清楚易懂的方法使每一种设计都更为普遍可用的设计特征或方向。所以，不应该将通用设计作为具体的设计方法论和设计结果来看，而应将通用设计概念作为设计活动的指导理念和设计追求来看，其目标的是尽可能协调解决设计中的各种矛盾及问题，使设计趋向完善，从而能够尽可能服务更多的人。

三、环境导识系统与通用设计理念的结合

（一）环境导识系统通用化的理念

虽然目前通用设计的理念及相关设计方法论已经相当丰富，但是通用设计本身的理论只是对于宏观设计方法的指导，若要进一步将其运用到具体设计领域，则还需要根据实际情况进一步分析、整合理念。

通过分析可知，环境导识系统必须实现以下功能：

第一，帮助个体认知所处空间及空间特征。

第二，引导个体去向其他关联空间。

第三，传播空间相关的重要信息（警示危险、使用提示、空间规范等）。

结合通用设计理念的原则可以发现，使用公平、灵活性、信息易感知及尺度适宜这四项原则是直接适用于环境导识系统设计的。故对于环境导识系统的通用设计应该包括两个方面：①针对能将空间及环境信息顺利传播给老年人、儿童及残障人士等特殊人群的环境导识系统无障碍化设计；②解决无障碍化环境导识系统与正常人认知之间的矛盾，达到环境导识系统的通用化。

总之，环境导识系统通用设计的总体精神可概括为：环境标识设计应在最大限度上实现对空间所有使用者的服务。这就是使环境导识系统的设计要超越单一的无障碍设计方面，而面向通用设计，考虑消除标识使用过程中的各种不利因素，做到真正地为所有人服务，也只有能为全社会所有人群所使用的导识系统才能更好地体现其社会的公众价值与关怀。而环境导识系统的通用设计考量也是实现城市公共空间的公共性、发挥公共空间作用的有效方法。

（二）环境导识系统通用设计原则

通过对于环境导识系统通用设计理念的阐述，可知其设计须从建成环境及环境标识两个方面出发，遵循以下具体原则来实现导识系统的最大可用性：

1. 建成环境方面

（1）可达性原则。可达性这一概念也最早见于西方学者的理论并被广泛地讨论，同时涵盖了大众对空间的具体可使用性、时间上的活动连续性，和政治理论范畴上的平等、自由诉求两大方面的意义。从历史发展来看，可达性的概念是与公共空间的公共性相联系的，城市空间只有实现了可达性才能拥有公共性，才能真正实现公共空间的意义。

（2）可意象性原则。人的寻路活动可以通过对于环境特征的记忆与回忆建立起方位线索。若是城市的公共空间区域有较鲜明的风格特征及环境特点，那么人更加容易对这一区域进行记忆与识别；当环境缺乏秩序和特征难以把握时，人就很难识别空间。因而在进行城市公共空间规划及改造时，应做到具有简明的空间结构和特征明确的环境形象，使人容易对区域空间进行意象的累积成形。

2. 环境标识方面

为了能够实现让大部分人理解的通用设计，环境标识设计本身必须有系统性和直观性，还应该考虑到社会规范、文化背景及文脉传承等因素。目前学界比较认可的标识评判原则，是1967年纽约近代美术馆交通标识会上提出的：①明确性；②最小限度意义；③标准性；④反复性。将其结合通用设计的理念原则，我们可以得出环境标识通用设计的原则：

（1）易识别原则。通用环境标识应在一定距离范围内可清楚地向所有行人传达导识信息，这就需要综合运用不同类型的标识。由于环境标识的使用群体广泛，囊括了儿童、老人及外国人等，故而其信息内容应该条理清晰，能够准确、简洁地概括整个空间环境特点，易于被绝大多数人群所理解；应避免使用生僻的措辞或图像。

（2）系统性原则。系统化的环境标识能够促使受众对于特定的标识系统有完整的记忆与认识，增强标识本身的传播力，能较好地实现通用设计目标。在视觉标识上标准化、规范化及统一化，不同类型的标识要有效协调发挥用。

（3）包容性原则。通用标识设计是面向大众的，要对尽可能多人的寻路需求进行统一的应对。但是，根据不同的具体情况，还应该有对特殊的寻路状况进行备用设计及辅助导向方式的准备，在标识系统性原则之上也需要有灵活的弹性设计。如统一设计高度的导识标牌，在山地城市则应根据具体地势进行部分高度改造，把握地域文脉。环境标识作为空间环境信息的直接传达载体，其色彩、形式特征、传播方式及造型特点等设计要素是与城市空间的传统民俗、地域文化及人文景观一脉相连的。标识的设计应充分考虑城市的历史与文化背景，突出城市的地域特色与环境个性。

当然，建成环境与标识两个部分的原则均须统一在通用设计总的原则之上，而这些具体原则可以作为环境导识系统通用化情况的基本评价标准。

（三）环境导识系统对不同人群的关注

通用的导识系统设计应避免仅从单纯特殊人群和普通人群二分法的角度或单独感知、认知障碍角度进行考虑。如单纯从特殊人群类别的角度将使用者分为老年人、儿童及残障人士等，然后再针对不同人群单独的认知角度进行导识系统的特殊设计考虑。这样的类型划分，往往容易造成设计上面的片面思考，而对各个标识系统分开考虑，易造成顾此失彼的问题。而且，有部分人群的认知障碍往往是综合出现的。有些导识系统设计中，分别单独设计了视觉无障碍系统和残障无障碍系统，但是没有两者的综合协调体系。对于有视觉障碍的残障人士来说，就会由于单一的残障无障碍导识系统没有考虑视觉无障碍设计而遇到使用障碍。

通用设计是指向所有人群的，所以在环境导识系统的设计过程中我们不能完全将某类特殊人群与另一类特殊人群、特殊人群与正常人群割裂开来进行分开考虑，而是应该从认知障碍本身分类来综合考虑各个人群对空间认知的需求和障碍，设计出环境导识综合的通用体系来解决各方面的矛盾和问题。如老年人、小孩和弱视青年均有视知觉弱化方面的问题，故只要加强视觉标识的强度（如加大反差、加大字号等）就可同时解决上述人群的问题，实现通用化。总之，通用设计理念下的导识设计应在重视特殊人群关注的同时兼顾普通人的需求，并尽量解决两者的矛盾与分离。故可将环境导识系统的通用化所关注点总结如下：

1. 视觉关注

对于视觉的关注主要在两个方面：一是视觉障碍，其大致可分为全盲、弱视及视力缺陷。世界卫生组织（WHO）将在双眼带上矫正眼睛情况下视力为 0.05～0.3 之间的视觉感知能力定义为弱视；二是暂时性的视觉障碍，如刚刚动过眼科手术、由亮空间进入暗空间视觉暗适应的情况。

在视觉障碍中，一般全盲人群比较少，大多数均为弱视者。因为人大部分是通过视觉来获取环境信息的，故对于视觉的关注也是最主要的。

2. 听觉关注

听觉障碍者分为聋哑者及重听者。聋哑者几乎完全无法听到声音，不能通过声音获取导识信息。重听者能够听到声音，但是听力随着音域的升高会下降，只能听清低音域的声音。

3. 触觉及嗅觉的关注

人们对于触觉类环境信息的获取主要通过手部及脚部的皮肤，故触觉障碍多是手、脚部位的皮肤感知失去所致。触觉的障碍也可分为永久性的（如皮肤烧伤导致无触感）和暂时性的（如皮外伤或病痛所致的触感暂失）。

嗅觉障碍分为嗅觉完全丧失或嗅觉部分丧失。嗅觉完全丧失者无法闻到环境中的各种气味，而嗅觉部分丧失则是对气味的感知减弱。人在很多时候会出现暂时性的嗅觉部分丧失，如感冒时就会影响到嗅觉。

在实际情况中触觉及嗅觉障碍者相对比较少，而且通过触觉特别是嗅觉来寻路的情况不多，故对于这两个方面的关注可处于较次要的地位。

4. 残障方面的关注

（1）肢体障碍。上肢或下肢有残疾的人士，往往由于使用活动辅助用具（如轮椅、拐杖等）造成对导识辅助设施的使用不便，如不能接近环境标识、视线低于标识等。

（2）智力障碍。所谓智力障碍是指对于事物的理解、认知低于平均水平。智障者在空间认知、导识信息收集、社交等方面均存在困难，故其在复杂环境中多不能使用一般的环境标识及导向辅助工具。

从设计指向人群的划分，进而综合考虑各个人群的空间认知障碍，将人群认知障碍分为必然项和可能项进行综合归纳，可得到综合的考虑体系。

在进行导识系统的通用设计时可将不同的关注点进行整合，用对两者或多者均适用的方法统一解决问题。如对于听觉不方便的人群与语言不通的外国人均可使用视觉图形的方法进行导识信息的传播。

第三节　城市导识系统设计的构建

一、环境导识系统通用设计方法初探

（一）人的寻路行为模型构建

1. 宏观——凯文·林奇的城市意象

城市意象的概念是凯文·林奇在20世纪60年代主持的一系列城市认知研究中提出的。认知地图是人们对于实体城市环境的特点、建筑物相对位置、方向等信息的心理印象描述。越能够较好构建环境印象的人，越容易完成寻路行为。公众对于城市中的环境及空间结构的特征认知会产生一种环境意象，即个体头脑对外部环境归纳出的图像，是直接感觉与过去经验记忆的共同产物，可以用来掌握信息进而指导行为。而在寻路的过程中，环境意象起着决定性的作用。

组成意象有以下五种要素：

（1）道路。道路是城市中活动与移动的通道，与之相关的人的行为是习惯性、偶然的、潜在的移动。其他环境元素沿着道路展开布局。

（2）边界。边界是两个连续部分的线形中断，是区域的边界。它与道路一样是线形的要素，但是人们不会将其当作道路来使用或等同对待。人们将其当作横向参照或是边界来使用。其具体形式如栅栏、海岸线、围墙等。

（3）区域。城市中占地较大的平面空间，所形成的区域常常有着相似的肌理及用途，并具有较明确的边界。如城市中的居住区、工业区及商业中心等。人在区域中活动，个体在心理上有进入其中的感觉，大多数人都是通过使用区域来组织自己的意象的。

（4）节点。人能够进入的往来行程的集中焦点。它是道路交通线路的连接点，也是人们寻路的参照点，是活动密集发生的地方。无论如何，在每个意象中几乎都能找到一些节点，它们有时甚至可能成为占主导地位的特征。

（5）标识物。标识物与节点一样是点状的参照物，区别是人们只能从外部观察标识物，而无法进入其中。标识物常常具有显著视觉特征，易于被观察到，所以可作为寻路的参照物，如建筑、山峦等。

这5种要素在城市中并不是各自独立存在的，而是综合构成了环境的意象。林奇认为可以通过对于这5种要素的改良来提高城市的可读性，进而帮助人们寻路。

对城市意象的研究从宏观上叙述了人的寻路行为，即人通过对城市的综合物质环境进行认知，形成环境意象，然后通过自己脑中的环境意象刻画认知地图，进而指导其实际的寻路活动。虽然不同个体对于城市公共空间的认知存在差异，但是对于总的人类群体而言，他们感知及认知机制与心理基础是相似的，在面对有规律的环境空间时会产生相似导识认知与行为方式，故而通过对环境的设计改造，是可以实现为不同群体导识的。

2. 微观——寻路行为的具体过程

个体的寻路行为描述为不断解决寻路问题的过程。在这一过程中，个体不断接收环境信息，然后进行评估与决策，进而进行寻路行动。例如某人进入不熟悉的环境中，先要解决空间定位问题，然后要解决如何到达目的地的问题，等等。

亚瑟与帕西尼从心理认知与外显行动两个方面出发，认为寻路行为分为三个阶段：进行决策—计划行动、执行决策—开始行动、环境信息收集及处理。其中"环境信息"的处理是贯穿始终的，为决策及行动提供支持。

个人的寻路行为起始于与客观物质环境的接触，环境刺激个人感官，而个人通过对外部导识信息的接收对比自身的知识与经验开始进行内部认知的过程。内部认知的过程又可分为认知地图构建、寻路决策制定及行为执行三个主要步骤。而在寻路行为主线之外则为个人经验、外在环境等主要的外部影响因素。

3. 寻路行为模型的构建

寻路行为并非单纯的线性流程，而是个体与环境不断互动的循环信息处理历程，其关键的核心步骤均包括导视信息收集、决策、行动等部分，由此本研究总结构建出以下寻路行为的基本模型：

（1）感知导识信息。寻路者进入公共空间之中，先是寻找并通过自身的感官对环境导识信息进行感知。如观察地形、街道数量及阅读地图等。

（2）构建认知地图。当寻路者对环境导识信息进行感知并在脑中进行整理后，结合自身的经验与推理，便会在心智上形成认知地图。认知地图的构建给人在脑中提供了整个区域的大致空间特征与路线。

（3）形成动机与决策。寻路者在构建完成认知地图后，便开始形成寻路的动机，即产生去向目的地的欲望及期望的行进线路。随之而来的便是其对于环境导识信息的评估，包括导识信息是否清楚说明了空间特点、根据所接收的导识信息是否可以到达目的地、导识信息所示是否符合自身的经验与预期，在一系列评估后，寻路者便会进行诸如是否继续前进、选择哪个方向等的寻路决策。

（4）寻路行动。寻路者进行完决策后，便会采取行动，使自己在空间中行进以到达目的地。在行动的过程中，寻路者还会对认知地图进行补充与修正。

以上各个寻路行为阶段是相互衔接且循环进行的。在寻路过程中，寻路者不断进入新环境继而不断地进行这四个阶段的过程。

（二）公共空间中影响寻路的因素分析

虽然理论上人的寻路行为模型是相似的，但是实际情况中，很多因素会影响到人的寻路行为。这些因素造成了具体寻路行为的差异，对于环境导识系统通用设计的过程中必须对这些因素进行考量与控制。影响寻路行为的因素分成个人因素和环境因素。个人因素包含了经验、智力、个人寻路能力等，是直接影响寻路行为的因素。环境因素是指个人所处空间的环境特征、建筑特点、空间的复杂程度等，是作用于个人影响其寻路决策的因素。

1. 个人因素

（1）生理特点。人对于环境的认知与寻路行为的发生是一个综合感知的结果，它包括了视觉、听觉、触觉及嗅觉。每个人因其感官的差异，上述几项感知是不同的，这使得对于同样的导识信息，不同的人的接收方式与反应均会有差异。而个人在自身身体方面的差异，如身高、肢体长短等，也会影响其寻路行为，如儿童与成年人由于身高不同，造成其获取导识信息视平线不同。

（2）经验的积累与习惯。寻路经验指的是个体在寻路活动过程中不断积累的对于区域空间的熟悉度、理解度及环境预期。之前对导识信息论的研究已经证明，个体对于导识信息的解读效率受其积累的经验所影响，经验越丰富，面对导识信息处理所需的必要信息越少，则效率越高，个体经验也是形成认知地图的主要因素。而受到年龄、阅历等的影响，每个人对于环境所积累的经验是不同的。例如小孩所积累的寻路经验就没有成人丰富，这也是其寻路困难的原因之一。

个体的经验积累与其认知地图的形成，加上不断在公共空间中的活动，形成了个体在环境空间中的寻路行为习惯。人每天有 40% 的行为是出于习惯。

（3）学习能力与智力。学者陈格理提出可以将寻路行为视为一种学习过程。通过对导识信息导向工具使用的学习，个体能够更有效率且准确地进行寻路行为。而人对于事物的记忆能力与信息处理效率是不同的，个人的智力水平决定了其学习能力。产生认知方面智力差异的因素很多，如年龄、病症、经历等。

（4）心理状况。在活动过程中，个体的心理状态也会直接影响寻路行为。当焦虑感加重时便会造成认知能力的降低，而产生的挫折感则会影响判断的正确性。

2. 环境因素

（1）环境特征。环境中各个部分的形似性与区别程度，是人在认知环境时的基础。其由空间透视形态、建筑的前景与背景关系所组成。

（2）空间复杂程度。空间体量大小、连接形式、组织布局及空间本身形态特征等均会影响空间的复杂程度。空间复杂程度决定了寻路行为中所需要处理的空间信息数量及其困难程度，简单明了的空间显然比复杂的空间容易找到路及移动，随着空间复杂度的提高，寻路决策的错误率也会上升。空间中简洁直接的流线规划有助于减少寻路行为的困难。

（3）环境信息的提供。导识信息作为寻路行为决策的依据，其物质承载体如环境标识、建筑等均需要进行考虑。

成功的导识系统通用设计应从个人因素与环境因素两个方面综合来进行项目的场地分析与方案规划，避免片面考虑。

二、基于导识通用化的建成环境改造

（一）场域营造与建成环境导识作用的开发

城市公共空间的建成环境部分本身特征对人的寻路行为产生直接的影响。人与环境空间在行为及感知方面的互动即会形成"场域"。在不同的场域中，人的寻路行为与心理受其影响，接近或回避、前行或改道等，就好似磁力场中"磁力"的作用。场所创造问题，即在横贯大地的表面位置，来规定人类自身的地位，造就一个领域，就是打开一个地盘，以帮助人们了解他们置身何处。故而对于公共空间环境的建设本身就可以利用场域营造这一考量来进行，从建成环境的以下构成要素的设计进行规划：

1. 建筑物

建筑物是构成整个环境的重要实体元素，其自身特征或组团形式往往可以给人不同的空间感知，并且引导人的寻路及空间认知行为。立于空间中的独特建筑实体可通过其形式和外部特征影响控制其所在的基地。建筑物对于人的导识作用形式主要有集中式、线性式和规律式。

2. 构筑物

区别于有明确实际用途的建筑，环境中还有其他一些构筑物如公共雕塑、街道家具及环境基础设施等。他们形式多样，比建筑的造型、布局及构成更加灵活，往往在区域环境建造成形后添加。能够发挥导向及标识作用的环境构筑物，通过自身的特点及组团排列形式影响环境的整体构成，在环境导向系统中发挥重要的作用。

3. 场地

由于无法摆脱重力的作用，人在空间环境中的各项活动始终必须基于自身足下的陆地，故环境的场地特征能给人在水平向上的直接知觉影响。对于导向设计明确的场地，人们往往会形成路、区域等的寻路概念，这对其寻路行为有着十分有利的影响。在城市公共空间中，地形对于导识的作用主要体现在地形和地面铺装两个方面。

4. 空间

在公共空间建成环境中，起导识作用的除了实体，还有由实体间隙形成的空间，只要有建筑等实体存在，就一定会形成空间。从格式塔图底关系的角度来看，一个城市区域的平面图就能清楚地表现实体产生的空间，如街道、广场及城市空地等。区域环境的特性往往决定其空间特性，而空间特性能够直接影响人对环境的认知和寻路行为。空间可以设计用来激发既定的情感反应或产生一系列预期的反应。空间在与其他物体或空间的互相联系中获得意义。

（二）建成环境导识作用的通用设计导则

要避免将导识系统规划仅仅着眼于标识的设计，而应先从建成环境方面出发。对于布局与道路本身混乱的空间环境，精心设计的标识工程也无法解决其指路的问题。好的建成环境本身的空间特征即具有一定的导识作用，在空间构成简洁、环境特征明确的公共空间中更容易找到路。为了使人能够在公共空间中识别自己的位置及记忆环境特征，需要对建成环境的导识作用进行通用设计方面的规划与改造。

1. 合理的空间及路网规划

不同的空间及路网规划，对于人的寻路活动有着直接影响。对于路网及街道空间的规划，其空间结构应该尽量简洁与直接，使空间的结构与路网的布局易于识别与记忆。街道布局应是拥有具体的特性的路径结构，而设计师也应避免创造含混的道路结构。

对于网格模式与规律连接模式的空间规划结构，老年人及智力障碍者较容易进行寻路行为，普通人也易于找到路。故对于建成环境的导识通用设计可以尝试采用几何形式的、规律性的空间规划形式来实现，这一方法也在实践中被证明有较好的效果。丹麦的德罗宁根度假村的空间路网规划由主要道路贯穿与连接长片状的度假村，再利用串联的形式由各条支路连接各栋建筑与主路，各条道路均没有交错与复杂的走向，站在道路上就能看到整个路网走向，残障人士及普通人均能方便地进出。

建筑内部空间的设计实例也可作为公共空间规划导识通用设计的有利参照。如由规整的几何形式来进行设计规划的丹麦福尔桑格中心的建筑空间。该中心为了便于视觉障碍者能够理解空间的布局，尽量简化建筑的流线规划，将走廊设计成直线且在走廊的交会处尽可能采用平面相交的几何结构。事实证明这样的空间规划有利于视觉障碍者的行动，避免其迷失方向，而对于普通人也十分适用。这一规划设计手法也同样适用于公共空间的环境设计方面。

当然对于公共空间的建成环境完全进行几何化一定程度上也会造成空间环境的单一化与单调感，这就需要适当地把握原有的环境文脉、通过特色标识设计来营造有特色的环境场所。

2. 尊重原有的环境文脉

在实际项目中，建成环境往往并不是从无到有的直接规划建造，而多是对已有环境的改造。而且，个人的经验与习惯对于寻路行为有着直接的帮助，所以对于原有建成环境历史与文脉的把握与继承是实现导识通用设计的有效手段。对于公共空间的文脉把握可以使环境具有明显的感性特征，这样的环境便于识别、易于记忆，且生动和引人注目。可以从空间结构拓扑演变、建筑外立面传承、构筑物装饰等方面来把握建成环境的原有文脉，发挥其导识作用。

3. 协调环境的标识

建成环境本身可以起到部分的导识作用，故而在城市公共空间中并不是任何环境均需要标识的，有些环境却必须设置标识。建成环境与标识系统是互相联系、互相影响的，在进行设计时必须依据环境自身的特点综合处理标识系统的设计与布局。若是环境与标识产生冲突，则导识作用会大大削弱，如建成环境的规划不当造成的构筑物或是植物对导识标牌的遮挡等。

三、导识信息的基本类型与有效性分析

（一）环境导识信息的基本类型分析

环境导识系统所传达的核心就是空间环境中的各种导识信息。广义的寻路信息包括了环境中所有可能影响寻路行为的因素或消息；狭义的寻路信息则包括了地标、地景、环境特征、图绘和标识系统等。

环境中的导识信息总的来说就是在某个公共空间区域中，所有物质环境所传达的能够给人提供环境认知、空间定位及寻找的综合信息。对于环境导识系统来说，建筑环境部分所传达的导识信息是环境的"原生信息"，其往往是间接的、模糊的；环境标识及导向设施等传达的导识信息是"附加信息"，其往往是直接的、准确的。

导识信息通过环境导识系统被人的感官所认知，经过大脑的编码、组织与分析，进而成为人进行环境寻路行为的决策依据。故对于环境导识信息本身的设计及传播方面的研究分析是十分必要的。

在综合的环境中，各种环境要素会产生并传播各种各样的导识信息。从导识作用角度来看，环境导识信息的基本类型可归纳为以下五种：

1. 总体导识信息

总体导识信息是向人说明公共空间中整个环境的总情况，其功能是说明整个覆盖区域的空间布局、交通通路、人的所在位置、环境设施分布及其他环境说明。总体导识信息的载体多是视觉标识，如地图、区域模型等。总体导识信息载体是导识信息中最重要的信息，故其载体的位置设置十分重要，一般设置在区域入口处或景观节点处。

2. 方向指示信息

方向指示信息是旨在指引人们去到目的地的信息，其内容是明确清晰地给人方向、路线及行进或停止等的指示。方向导识信息可以帮助行人解决诸如"往左，还是往右""继续向前，还是掉头""直走，还是左拐"等实际的寻路问题，是连接人的所在地和距离较远的或不可见的目的地的关键信息。

3. 识别信息

识别信息是位于目的地区域的、用于指明场所的信息。它的信息内容是将某一场所区别于其他场所，人们通过识别信息就知道自己已经找到或到达目的地。

4. 说明信息

说明信息是向人们传达环境特点、空间使用规则及操作等相关介绍的说明性信息。说明信息往往相当详细，除了对环境进行系统说明外，还有对于环境标识系统自身的说明。

5. 警示信息

警示信息是对行人进行警告、限制、禁止的信息。其信息内容通常提示人们某一空间区域的危险、

环境中的管制行为及禁止行为等，还有安全设施所在或救助方法的说明和提示。如"危险""禁止通行"等。

以上各种类型的导识信息需要成体系才能完成有效的导识作用，有时它们的内容也会重复或互相补充，根据不同的具体环境它们的层次及重要性也是不一样的。公共空间中的人通过总体导识信息知晓整个区域情况，然后再依循方向指示信息行进，再通过识别信息确认目的地，同时利用说明信息、警示信息进行空间活动。在寻路过程中，不同类型的环境导识信息相互组合构成了一条对于人的导识索引信息链条，这一导识信息链条的连续性及传播效率是进行通用化的环境导识系统设计的核心依据。

（二）环境导识信息传播的有效性分析

通过对环境信息的分析可以看出，对于环境导识系统的设计的实质就是对各种环境信息在区域内的合理布局及有效传播。环境导识信息是广义信息的一种，故对于环境导识信息体系有效性的分析可以通过广义信息论的有关理论进行研究。

1. 导识信息的熵

"熵"值原是物理中的热力学概念，指不能再转换为做功能量的能量。香农将"熵"的概念引入信息传播理论，用来描述信息对立面的度量，即信源的不确定性。根据信息论的观点，熵值是体系中无序度或混乱度的量，信源本身的不明确性或信道的干扰均会增加熵值，而获得信息就能使无序及不确定性减小，即负熵（熵的减小）。对应于环境导识信息体系，其熵值就是城市公共空间中导识信息的缺失或是不确定性。理论上，熵值是可以量化的。但是信息熵值的计算非常复杂，而实际环境中的导识信息的量化技术具有多重前置条件及考虑因素，故对于环境导识信息的熵值几乎是无法计算的。这并不意味着环境信息设计中对于熵的研究没有价值，相反，对于环境导识信息熵值的认识可以从定性方面给予我们设计上的指导。

（1）环境导识信息熵值的出现。在城市公共空间中，虽然存在导识系统，但是导识信息依然存在大量的熵值。例如，信源本身的问题，即环境导识系统设置不足，或是存在缺陷。如某个空间复杂区域缺少导识，那行人对这一空间的不确定性越大，把它搞清楚所需要的信息量也就越大，熵也就越大。信道方面问题，导识系统的信息传播受到干扰，如导向标识被遮挡等，其信息传播就会受到阻碍。或者是导识系统的设计中没有考虑到部分感知障碍人群，如仅有视觉导向信息的区域中，盲人就没有接收导向信息的信道。

（2）减少环境中导识信息的熵值。为了使环境导识系统能够服务更多的人并实现通用化，就必须减少环境中导识信息的熵值，提高信息传播的效率。环境中导识信息熵值的出现首先是信道的干扰，建成环境中各种杂乱的因素，如广告牌、树木、建筑等的遮挡及干扰，影响了环境标识的信息传播。还有导识系统设计没有考虑全面，没有建立起部分感知缺陷人群接收信息的信道。另外，信源方面很多环境标识没有很好的信息设计。

2. 导识信息的冗余

在普通信息传播学中，信息冗余指有意义的重复信息。这一重复传播的信息可以克服"信道杂音与干扰"，是利于信息准确传递的一种必要的信息重复。导识信息冗余即通过有目的地重复各种导识信息，来加强导向及环境说明效果的明确性、具体性。

在建成环境中，在构建物有重复性或系统性的某个区域空间中，环境的主题和特点更容易传播，人们也更容易把握整个环境的空间形式。如法国设计师屈米设计的拉维莱特公园中，他就在整个基地上以 120m×120m 的网格布置了 40 多个重复耀眼的红色建筑。这些被称为"Folie"的建筑体量均控制在 $10m^3$ 的立方体中，形式上又十分统一，成为从大片绿地中生长出来一个个红色的标志。去过公园的人很容易就将这些重复的建筑作为标识点来参照，进而把握整个公园的空间特征。又如荷兰城市阿姆斯特丹的中世纪和文艺复兴时期的市中心区域，建筑有严格的标准化和统一性，街道两旁的房子均为5或6层，样式重复且相似，建筑材料为砖，门窗刷白色涂料饰面。在这样的街道中穿行，会不由自主地产生韵律及秩序感，对空间整体的把握也会加强。

对于环境标识来说，标识为了更有效地指示方向或说明环境，则需要对方向及环境说明的内容进行复述或者强调。如在视觉标识本身的设计中，视觉形式及结构的重复是获得有效导识信息传达的主要方式之一，许多成体系的图案就是由基本图形重复或重构而成。显然，在空间中重复连续的箭头图形会比在某一地点的单一箭头图形起到更好的导向作用。而在区域空间中，重复性的图形、文字等视觉要素所构成的环境标识也更成体系，有更高的认知效率。

综上可以看出，适当的冗余可以增强导识信息传播的准确性，可以从形式的角度强化空间的主题，起到增加记忆与增强环境特点的作用，这对环境导识信息通用方面的规划是十分有启发的考虑点。

从信息传播角度来看，人对于事物的认知可分为"初次认知"和"重复认知"。初次认知即人对某一客观事物的初次接触，并通过大脑将并加以储存该客观事物的各种特征信息，如形态、材质、色彩等，进行"编码"并加以储存。重复认知则是指对于已知的客观事物，通过"解码"从脑中调出之前的储备信息进行理解与认知。而与之相对应，认知事物中需要进行"编码"的新信息则称为必要信息；脑中原有的认知信息则是冗余信息。在环境认知中，人对于环境导识信息就是在不断"编码"与"解码"的循环中，环境导识系统中的必要信息量越大，编码与解码的信息加工活动就越频繁，认知越慢，反之就越快越准确。所以单纯从理论上来说，要提高环境导识系统的认知效率就需要合理压缩系统中必要信息的信息量，适当加大冗余信息量，具体可从以下三个方面来操作：

（1）建成环境的冗余。对于建成环境，可以适当地增加冗余空间来增强导识的诱导性。建筑师黑川纪章认为，冗余空间不仅能丰富空间的构想，从心理学的角度，还具有诱导、指示、启发等作用。如建筑门口的大雨棚设置，或是街道入口处亭子等的设置均形成了冗余的空间，起到了引导或吸引的作用。也可以增加环境中建筑及构筑物自身的冗余性，"冗余性使我们对下一段转角处的建筑样式做出预测"。如街道中统一的有韵律感的建筑立面，会给人街道一体的感觉，而顺势走下去；区域中风格相近的不断出现的构筑物，如街头与街尾相呼应的公共雕塑则传达了街道起点与终点的信息。

总之，建成环境中适当的冗余使环境空间更具有可读性与可理解性，能增强导识信息。

（2）环境标识的冗余。在环境标识方面，冗余的作用更大。由上文提到的，建成环境传达的导识信息往往是模糊的，其明确性欠佳，故明确的导识信息是由环境标识传达的。

对于环境标识的标准化及统一化，从信息传播的角度看，就是最常用的信息冗余手段。标准化的环境标识能够有效减少人对标识认知时的必要信息，且可以随着标识的推广进一步减少必要信息促进更广泛的可理解性。学者赵郧安认为标识标准化有三大重要作用：一是国际化的标识统一有利于方便普通人群及解决外国人对标识的认知问题；二是提高导识符号的认知率和可理解性，优化了导向标识的功能性；三是从管理及设计的角度有效消除导识信息传播中的各种"信道杂音"。

（3）环境文脉的把握。环境总体文脉的把握是对环境导识信息冗余控制的重要方法。公共空间在不断发展和变化中会积累下建筑物、景观，以及环境中各种要素的历史性特征。而城市中生活的人则会通过记录、储存大量的认知经验和知识来形成对于特定公共空间的认知习惯及行为习惯。导识系统的文脉把握，就是在设计时公共空间环境的文化特征、历史传统及人的经验习惯。

如果导识系统在设计时能够传承公共空间的文脉，就能激发人原有的认知经验，从时间的维度来看，这就纵向形成了环境导识信息的冗余。例如在中国，人们对于街头设置的"绿色桶装物"很快就能知道是邮筒，远远看到牌坊就知道是街道的入口。

四、标识系统的设计与规划及评价体系

在设计中将不同类型的标识进行综合设计，利用不同标识类型的特性使其互补，来起到强化感知补充导识信息的作用，进而实现标识系统的通用设计。可以根据公共空间的特点，以导识信息的传播为导向，尝试在区域空间中综合使用不同类型的标识来形成综合系统，发挥各种标识的有利点来实现标识系统的通用设计。如视觉标识难以传播的导识信息由听觉标识来传播，听觉信息无法传播的标识信息由触觉标识来传播等，这样就可以在区域空间中形成不间断的"导识信息流"，使得处在区域中任何地点的任何人均可获得导识信息。"在我国新型城镇化和智慧城市建设的大背景之下，城市标识系统是城市精细化管理和城镇高质量发展的共同重要组成部分，标识系统的设计研究逐渐受到多方关注。"

导识信息流的构建应遵循以下要点：

（1）不同类型标识的互补设计。根据心理学的结论，人对于导识信息的接收最主要依赖的是视觉感官，但是其他感官也发挥了重要作用。人的感官作用是综合的、互补的。如果一个感官接收到信息，另外一个感官作为回忆、和声和看不见的象征便会引起共鸣。即在使用某一主要感官接收信息时，其他次要感官对于信息的接收、组织与记忆唤起也会起到作用。故而在标识系统设计时除了主要的视觉标识，还需要根据情况善于使用其他类型的标识。

（2）导识信息系统的标识组织。不同类型的标识系统的组织应以导识信息传播的逻辑进行综合设计。如符号学者丹尼尔·钱德勒指出的那样，现在标识的研究并非仅从标识本身出发，而是要在"标识系统"的框架下，在设计时要避免不同类型标识之间的冲突及导识信息流的阻隔或断裂。

（一）标识系统的设计与新技术

1. 视觉标识设计

视觉标识是标识系统中人们获得信息最主要的标识，"看"可以说是人类的第一感知活动。视觉可以让我们知觉到颜色、运动、深度和形状，是感知环境和寻路的最主要的感觉基础，人也习惯于通过视觉获得环境导识信息。故而对视觉标识的通用设计应占标识系统的主要部分。以下从视觉标识主要构成要素分别探索其通用设计导则：

第一，图形与文字设计。图形是视觉标识最主要的构成要素，它往往通过象形或象征的方式向人传达视觉标识的主要信息。有优秀形象性的图形符号可以实现超越国界、语言的通用效果。文字是图形的重要补充，是视觉标识中传达导识信息最为准确的要素，人可以直接阅读文字来获得相应信息。其设计应考虑以下要点：

第二，从标准化出发进行图形拓扑变形设计。图形的标准化设计能够实现导识信息的冗余，从而达到更有效的传播。所以目前各国导识图形的设计主流即是标准化的设计原则，其中使用与影响比较广泛的标准化导识图形标准有 ISO 图形标准、美国公共交通导识系统（MTA）及日本工业规范标准导向图标系统（JIS）。标准化的图形标识均是根据具象特征，通过简化、夸张、组合等方式抽象化设计的，其本身已经具有较明确的导识意义。但是，考虑到图形标识通用设计在把握地域文脉方面的问题，图形文字标识设计还应该具备本土化与多样化的特点，故而在实际应用中图形往往需要进行适当的改变。

以标准化的图形为原形，运用点、线、面等图形语言对图形进行适当变形改变以适应实际使用情况，可以很好地解决图形标准化与特殊化设计直接的矛盾，不同的图形标识均是根据通常使用的标准化进行

适当变形而来，拓扑变形而来的图形既可以保留标准化图形原有的普遍象征意义，又可以在设计个性上有所发挥。

2）箭头图形的恰当运用。箭头是目前国际使用最广泛的明确表示空间方向性的图形。不同年龄阶段、不同国家及文化背景的人群对于箭头指向意义的认知均有较高的准确性，故而在视觉标识中合理运用箭头图形可实现较好的通用设计效果。田中直人认为"上、下、左、右"是优先使用的易懂的箭头图形，而U字形箭头易产生混乱，须谨慎使用。

3）合理的文字设计。在文字的设计安排上，为了使更多的人能够阅读应选用多种语言文字，常用的依次应为：本国语言、国际常用语言、邻近国语言、追加语言。例如作为旅游城市的杭州，其导向标识所用文字一般为汉语、英语、日语、朝鲜语。

在设计时也应适合文字字体本身的可辨识度，不同的汉字字体在0.01秒与0.03秒时间中分别可读文字数的统计，可以看出黑体、中圆头体及粗圆头体的瞬读率较高，更适合运用在视觉导识设计中。中英文字形对于寻路绩效没有明显影响，中英文字级对寻路绩效有影响：当中文字级为171pt且英文字级为57pt时，其寻路时间最短，绩效最高。

考虑到视觉障碍人群，在综合考虑尺度、版面等的情况下，应该尽可能地放大字体。字体的艺术化变形设计也应遵循拓扑变形原则，不论字体如何变形均应该保证其可阅读性和理解性。

4）易读的版式设计。某一视觉标识通常是由多个图形和文字组成的，所以其版式编排的层次与形式对标识的可读性绩效有直接影响，设计时可参照相应原则：①易懂的版面内容应包括"箭头+（辅助）图形+文字+底图"，为了其清晰性，这些要素在编排时需要明确分开，或是利用线条、色块、材质等手段进行分隔；②版面布局与编排中不同要素的重要性及视觉顺序，应首先以导视信息的优先度作为逻辑层次；③不同语言文字的编排，其视觉顺序应遵循"本国语言＞国际常用语言＞邻近国语言＞追加语言"这一层次顺序；④洗手间、逃生通道、电梯、残疾人设施等特殊空间及设施的导识信息内容应优先编排。

（2）色彩。色彩在很大程度上能够影响我们对于视觉标识的整体感受，它往往影响到视觉标识的设计整体性和意义的表达，色彩能够帮助人们识别、浏览地点，甚至对其产生感情。公共空间中视觉标识的色彩及识别度通常是受到环境光的影响的，故而应考虑不同光照下不同视觉标识色彩设计的通用情况。

1）使用有普遍意义的色相进行设计。色彩在导识设计中的长期运用，使得国际上逐渐形成了对色相意义的共识，不同的色相区分可使视觉标识的意义一目了然。需要指出的是，在环境中运用的视觉标识是通过光线传播的，故而色彩的使用原则不仅应遵循平面印刷的颜料加色原理，还应考虑光色色相的减色原理。

2）明确的图底关系及色彩搭配。图形的通用设计还要把握好图底关系。从格式塔心理学出发，主要导识图形即为"图（正形）"，而主要图形周围产生的背景色即为"底（负形）"。正形需要负形的衬托，两者构成导识图形统一的整体形象，两者在色彩明度上的对比所产生的视觉反差是图形清晰与否及辨识度大小的主要影响因素。

在进行配色时，主要图形的色彩与底图色彩的明度差多5级，才能保证易识别的视觉反差。

对于色彩的搭配需要同时考虑到色盲、色弱及老年人眼睛视力下降等的具体情况。色彩运用的通用设计导则：①蓝色、黄色及其混合色（绿色）辨识度最佳适用人群最广；②可以使用混合的安全色：朱红、蓝绿、紫红等，来增加色彩的可辨识度及适用人群；③白地黑字的辨识度最高，且阅读不易疲劳；④采用红色、蓝色、黄色等色盲群体可识别的颜色，避免大量使用红色、绿色及橙色等容易混淆的色彩。

3）光环境。视觉标识的色彩设计还应考虑到其所在公共空间的光环境特点，在设计时需要考虑各种颜色组合的光学特性，保证其传播的有效性。

（3）材质。不同的材质对于视觉标识在具体环境中的信息传达影响重大，因为视觉标识需要依靠光来传达信息，材质对于光线的反射及吸收等方面的影响直接关系到标识的易读性。

1）避免采用不利于导识信息传播的材质，如易产生眩光的光面材质或软性材质作为导识信息的载体。

2）考虑运用当地特色或常用的材质，关注对地域文脉的把握。

3）材质肌理本身可作为触觉标识的载体，可考虑"视觉—触觉"一体化标识。

4）应使用耐久性较好的材质，或是对某些材质（如木材）进行提升耐久度的处理后进行使用。

需要指出的是，环境标识系统中的视觉类要素虽与平面设计范畴的名词相同，但其内涵有本质的不同。环境标识系统中的视觉要素是要在立体的三维空间中传达信息，设计的考虑要点在尺度、版面、照明、构成形式等方面均与二维平面中的不同。虽然视觉标识通常在导识系统中占有最大比重，但是不能仅仅将标识系统的设计理解为视觉标识的设计。在建成环境中，视觉标识应与其他类型标识共同作用，才能发挥更好的导识作用。

2. 听觉标识设计

人的听觉是仅次于视觉的重要感觉。其具有高度的适应性和敏感性，人一般能够识别 20 ～ 2000kHz 这样大范围音频内的声音。两只耳朵的位置也能给人提供立体（三维）听觉：大脑通过判断声波到达两只耳朵所产生的时间差、声音强度差可以识别出声音的方向来源与距离。故而，人们就可以通过感知环境中的声音来辨别环境特点及定位自身位置，如交通信号等的声音提示、导航系统的语音播报等。在公共空间中适当地使用听觉标识不仅可以向视觉障碍者传达导识信息，也可以帮助其他人群实现寻路活动，是通用性较强的标识。

（1）听觉标识的优势。

听觉标识包括发声装置发出的导识信息及环境声音，其所指向的对象是能利用声音导识信息进行寻路行为的人群。听觉标识具有其特殊的优势，近年来被普遍运用于环境标识系统之中：

1）易于传播。可供声音传播的介质多样，可以是环境中的空气、水文或建筑材质等。所以其在空间中的传播是发散型的而非视觉的直线型，可以避免视线受阻的影响且声音传播速度快，故而在一定区域内有较广泛的传播能力。

2）广泛的通用性。除了部分听觉丧失人群，其他人群均可感知声音标识。

3）可控性。可利用不同年龄阶段人群对于不同声音频率的感知能力差异来设置不同声音信号传播特定环境信息，如针对老年人设置的低频音不会被年轻人听到。而通过设备对于音频的控制在技术上也容易实现，且成本不高。

（2）听觉标识的设计要点。

在标识声音的通用设计上应考虑以下要点：

1）发声类型的多元化。发声装置发出的声音导识信息如有声向导、环境说明及导盲铃声等。发声装置多是以广播形式向空间传播声音导识信息的，故需要关注装置的放置位置、声音广播的环境干扰，声音音域等因素。特别是针对不同年龄阶段的人群，因其可识别音域不同，应给予特别的关注。

环境声音指的是有目的地改造环境中如回声、自然声等，帮助导向与环境认知。以环境声音为基础的标识能够巧妙地将声音标识融于环境当中，相比有"命令"感觉的导向语音更有亲和力，且对于大部分人适用。如可以利用广场上不同地面铺装的反声、不同高度顶面的回声、街道转角处的鸟鸣等营造环境导向声音。多元化的发声类型能够使听觉导识信息的传播涵盖更多的人群，有效实现标识的通用设计。

2）声音音域的控制。声音的标识的音量并非越大越好，对于听觉障碍，大音量未必能够解决问题，而且不加控制的大音量声音标识反而会成为噪声。在声音标识的音域控制上还应考虑到不同年龄阶段的感官特点，普通人群对音域有较宽广的感觉能力，但是老年人对于高音域则会听不清楚。也可以利用不同听力人群对于不同音域的感觉特点，设计有针对性的声音导识信息。不但可以使听觉导识信息有针对性地传播，也能避免不同信息的互相干扰。

3）合理的语音引导语法规范。语音播报往往是最能准确提供导识信息的声音标识形式，故而其信息传达的通用设计是重要的关注点。在语音播报形式上应使用多种语言播报，来使信息的传播能使更多人理解，其语言优先级与上述视觉标识语言顺序相同。

除了多元化语言播报方面的考虑，还应对播报的语法进行规范与设计，使语音内容易于理解。日本标识设计协会曾对残疾人、老年人及正常人进行访问调查，得出导识语言组织最容易理解的构句要素为：①语句应包含目的地、方向、距离三要素；②较好的构句语顺序为目的地—方向—距离；③肯定助语"是"的合理使用。利用助语来确定方向信息及识别信息，如"这里是区图书馆二楼"等。

3. 触觉标识设计

虽然人类进行沟通和认知主要是视觉及听觉，但是触觉也是人感知环境的重要方式。心理学将触觉细分为四种：压力、温、冷、疼痛。其中前三种可直接用于环境导识，通过环境及标识的材质、肌理及形态的变化将不同的触觉传达给皮肤感知，就能传递不同的导识信息。

触觉标识是相对比较成熟的标识，已经被较广泛地运用，如盲文、盲道等。但是盲文的阅读速度较慢，要注意其信息量的控制。触觉标识通用设计主要关注以下两点：

（1）与建成环境及其他标识的一体化设计。在进行触觉标识的通用设计时应尽量与建成环境及其他标识设施进行一体化的设计。

1）与建成环境的融合。触觉标识的设计一般是通过不同材质及相同材质的表面加工处理来想成不同触觉感受的。可以巧妙利用不同建造材质的触感组合来营造建成环境中的触觉标识系统，这样一体化的触觉系统不但可以同时服务普通人及特殊人群，也十分经济环保。

2）与其他标识设施结合。因为触觉标识本身对于导识信息的传达准确性比较低，而且仅仅通过部分皮肤的感受所形成的感知也比较弱，所以在触觉标识的运用上更需要将其与其他类型标识结合起来。如"触觉—视觉"一体化标识。"触觉—听觉"一体化标识被证明是比较好的通用设计组合。德国科布伦茨誉石要塞的"触觉—视觉"一体化标识设施，将视觉导视总平面地图利用材质的凹凸3D立体化，再配以盲文说明，使得普通人及盲人均可通过标识设施进行寻路活动，巧妙地实现了通用设计。

（2）全面地考虑。虽然触觉标识指向的一般是视觉障碍者，但是合理的触觉标识系统也能为普通人群服务。如隈研吾在其梅田医院的指示系统设计中，就将视觉导向标识的材质设计为布面软质的，这样人们在使用的时候从视觉及实际触摸上都给人柔软及放松的感觉，给使用标识的病人很大的心理安慰感。应在设置触觉标识的时候综合考虑不同触觉标识、触觉标识与其他标识的作用关系，避免互相干扰。

4. 嗅觉标识设计

呼吸是人每天必需的运动，伴随呼吸而来的嗅觉体验则成了人们十分熟悉的生活体验。嗅觉是人所具有的一种化学性感觉。据统计，人可以分辨10000种不同的气味，而且气味能够唤起人的记忆和情绪情感。所以气味在日常生活中往往成为潜在环境标识，如街角的某间咖啡馆、路边的面包店等的气味均可成为人认知环境及空间特点的依据。

作为嗅觉标识的气味可分为人工气味与环境气味两种。人工气味是通过人工试剂挥发等形成气味信息，而环境气味则是有意识地在环境空间中设置能够散发气味的自然物如花卉、树木等进行空间气味设计。

目前气味对于人体的具体作用机制还未明了，在实际情况中，其作为导向标识的作用也是相对最弱的。虽然部分利用气味传达信息的实践早已有之（如煤气中装有味气体作为安全提示信息），不过由于气味如何作用与人类嗅觉的机制还未完全明了，而且嗅觉在人的综合感知中所占比例较小，存在较大的个体差异，所以在实际导识设计项目中运用较少。

目前较著名的嗅觉导识设计实例是日本万年湖城地利用不同的香味作为不同楼层厕所通道的标识。万年湖城为一综合商业体建筑，设计者在不同楼层的厕所通道上投放不同主题的花香气味，各个气味均互相区别，这样就起到了识别楼层与导向的作用，而且芳香的气味还能冲淡厕所气味，可谓一举多得。

5. 新技术的运用与展望

新技术与新材料的开发给导识系统的通用设计提供了新的可能，应在设计中予以关注与运用。

（1）多媒体技术。运用光电信号传播导识信息的多媒体技术近年来逐渐成熟，这一技术可以通过计算机远程控制，随时变换与更新导识信息，可广泛运用于导向标牌、导识终端等。如利用多媒体技术制作的导向标牌，可根据环境的变化相应修改导识信息内容。与计算机相连的综合多媒体导识终端可以向寻路者提供"视觉—听觉—触觉"一体化的智能导识服务，能够服务广泛的人群。

LED屏是多媒体技术的新兴材料，其材料优点非常适用于导识通用设计的目标：①LED屏可在线编程、远程操控，LED屏光源可使红、绿、蓝三种颜色具有256级灰度并可任意混合，可以实现丰富多彩的动态效果和图像变化，如可通过动态变化改变视觉标识字体、颜色及图形来适应不同人群的认知需求；②LED光源不会产生眩光，方便阅读，其光源使用时产生热量极小，可安全触摸，方便与其他感官标识如触觉标识进行结合；③LED材质体积小，能耗低，符合绿色环保要求。

（2）GPS移动定位技术。GPS卫星定位导航技术与现代移动通信技术的不断发展，以及这两项技术的结合，使导识技术进入了信息化时代。GPS移动定位技术可通过移动终端设备与卫星的连接来获得自身所在位置、周围地理信息、目的地指引信息等精确的导识信息。而目前移动电话、平板电脑、导航仪等均可充当接收导识信息的终端设备，对于不同人群、不同地点、不同时间段均有较好的使用适应性，是实现导识通用设计的有效辅助手段。GPS技术也有其局限性，如其需要实时与卫星进行连接才能获得信息，而在信号不好或终端设备没电的情况下就无法正常工作，且地理信息的更新往往滞后，所以并不能实现全天候的导识。而且在公共环境中，寻路者低头看着终端设备行进有一定的危险性。

（二）通用设计视角下环境标识的规划

1. 标识在空间中的合理安排

（1）人流与空间特征的分析。不同公共空间的环境空间特征以及其中的人流活动是不同的，要保证导识系统的通用性就需要对"在什么地点""需要什么导识信息导识信息用哪种环境标识作为载体"等问题进行考虑。在进行标识规划时从分析空间结构特征与人流出发可参照以下原则：

1）导识信息的安排与环境标识的布置应该依照主要人流的走向。线性人流往往处在流动状态，其接收导识信息量有限，需要设置方向指示信息、识别信息，可运用视觉标识、声音标识进行传播。点状人流多是停留下来活动的人群，或者准备去向其他地点的人群，需要设置总体导向信息、说明信息与警示信息，可运用视觉、声音、触觉、嗅觉等标识进行传播。

2）不同类型的标识要依照空间结构特点来进行布置，进行恰当的场所组合。视觉标识应垂直于观看者的行进路线及视线，必须在视觉上有空间联系才能发挥效果；而听觉标识则可以安排在空间转折点或分离的空间。

（2）"建成环境——标识"一体化的设计。在建成环境建设之后独立地进行环境标识的设计容易造成两者的脱节，公共空间中不断地添加标识设施本身也给空间的使用带来不便，所以最好的设计方式是从一开始便在环境建设的同时考虑标识系统的设计。

对于滞后于建成环境的标识设计也应尽量结合建筑、地面、空间等进行一体化的设计，考虑标识的合理布置位置与建筑结合点，避免突兀的标识设施出现。对于导识的设计不单是考虑某一标识设置在某个位置上的问题，而是关涉到人的周围环境如何构成。

2. 标识设施尺度控制

在进行标识设施细节设计与布置规划时，还应关注不同人群的适用尺度问题，老年人、儿童、成年人及肢体残障者的身体尺度是不同的。要根据人机工学原理关注标识的尺度，找到适用于不同人群的最适宜尺度：

（1）行进中的舒适观看尺度。人在行进中仰角10°以上的标识不易被察觉，而轮椅使用者视线一般比普通人低40cm，所以应结合两者的仰视可见范围来进行视觉标牌的放置，安排在仰角10°以下尽可能高的位置为佳。

（2）使用适宜大部分人的设施尺度。一般人的视平线高度为1500mm，而轮椅使用者与儿童等的视平线高度为1100～1200mm，其可视范围均为视平线30°以上40°以下。从通用设计的角度出发寻找两者共同的可视范围为高度约1350mm。标识牌也可以做适当倾斜来使观看更加舒适。而在俯视时，人面额向下的极限视角约为80°，在这个范围内能够辨识立面及地面的情况。一般俯视的标识通常设置于地面，可适于大部分人群。

（三）评价体系的建立及公众参与设计

在导识系统项目完成后，还需要进行相应的通用设计使用效果与功能发挥方面的评价。其主要目的是对导识系统项目获得成功的方面以及还可以改善的地方进行了解和进一步的修改设计，使整个项目更接近通用设计的目标。

1. 设计自体验

"对于导识设计项目有多大程度上实现了通用设计的理念？""是否还有前期未发现的问题与不足？"这些问题首先需要设计师自身来进行客观评估。所谓"设计自体验"就是通用设计者对于项目本身站在使用者的角度进行使用体验和效果评估。

可以利用通用设计模拟体验工具来实现不同人群使用环境导识系统的情况。对于通用设计的自体验可以使设计者切身感受到不同人群对于导识项目使用的感受及有效性，对于客观评价导识系统通用设计的效果与进一步改进起到了十分有用的作用。

2. 寻路绩效检验

对于某导识系统项目的通用设计的效益评判，最直接的评价标准就是在实际使用中是否对提高不同人群的寻路绩效有帮助。即在通用导识系统实施后，使用人群寻路活动绩效的高低与否可直接反映导识系统通用设计的有效性。

3. 反馈调研

使用者对于标识系统通用设计的优点及有效性有着直接的体会及感受，故而应对使用者的反馈予以调研，作为进一步完善通用设计的有效依据。同时也应该进一步与相关群体，如利益相关者、导识系统管理部门及政府职能部门保持联系与沟通。在设计过程中与使用者及相关机构的良性互动，可建立起公众广泛参与的机制，来保证导识系统的通用设计能够不断地完善与进步，可参照以下方面来实施：

（1）全面关注对于导识系统项目相关的群体，并弄清如何参与及影响项目，同时考虑到使用者、管理者或利益相关者（如环境改造关系到的住户或商户）的利益。

（2）在项目实施的过程中，阶段性地对使用者进行使用效果调研，可使用"双极形容词量表"进行评价统计，作为进一步完善设计的依据。

（3）在项目实施或修改阶段前，应召开公众听证会。

（4）收集与整理来自公众的意见，对环境导识系统进行修改与补充设计。

第五章　城市公共空间系统化建设的影响及要求

第一节　城市公共空间系统化建设的影响因素

一、社会发展状况

如果说城市是人类文明的载体，那么公共空间就是人类社会的一个缩影。"作为城市建成环境的重要组成部分，公共空间不仅自身构成一个相对完整的结构体系，其空间系统也是城市复杂系统内的重要单元，与城市道路系统、城市绿地系统和城市建筑，尤其是公共建筑之间有着紧密的空间与功能联系性。"社会的进步在城市公共空间上得到集中的体现，历史上每每改朝换代，首先做的就是大兴土木，修建庙堂。社会进步促进公共空间的建设，公共空间的发展对社会的进步也起到了推动的作用，其中社会对公共空间的影响又主要通过公共活动发挥作用。当前，城市的社会发展状况对公共空间建设有着重要的影响作用。

二、经济发展状况

第一，经济落后，市民生活水平低，就会无力兼顾具有社会意义的公共活动。

第二，产业结构低级，消费疲软，会导致公共空间发展欠缺经济动力。

第三，建设资金不足，不利于公共空间的开发建设。市场经济中，对城市开发的原则是谁开发谁收益，因此，那些公益项目则少有问津，而政府又心有余力不足。

三、文化发展状况

文化是公共空间的灵魂，缺少文化内涵的公共空间，不是好的城市空间。通过对文化的诠释和解读，可以增强市民对公共空间的认同感和归属感。

第一，一些城市的文化影响力非常有限。从区域城镇等级结构体系上看，由于城市在区域中政治、经济上的弱势，其在地域文化上处在上一等级大中城市的覆盖和影响之下，自身文化对周围地区缺乏影响力，缺少广泛的认同感。

第二，部分城市有名人遗迹、著名事件以及古建筑等历史文化遗产，在文化的发展上有待挖掘。一些当初被忽略的文化遗迹需要重新重视，个别具有相当历史文化遗产的城镇形成了自己的特色。

第三，地方性、民族性的生活习惯和民俗风情构成了城市最具特色的文化内容。这种特质在一个地区内，城市规模越大，表现越淡。

四、城市化发展水平状况

第一，一些城市建设进入规模扩张期，城市空间结构面临重组、调整、优化的历史机遇，结合旧城改造和新区建设，构建合理的城市公共空间系统，是城市空间建设的当务之急。

第二，如果城市人口外流日趋增多，城区人口组成中非劳动力比重增加，会削弱本地社会经济活力。缺少了朝气蓬勃的年轻人，城市公共空间显得死气沉沉。

第二节　城市公共空间系统化建设的基本原则

系统性原则实际上是针对我国当前城市公共空间系统化建设中出现的种种问题的一种可行性的解决途径和方针。系统性原则体现在城市公共空间系统化建设过程中，有横向、纵向两方面，横向的系统性是指参与建设的各部门或集团之间，通过沟通、对话而构成体系；纵向的系统性是指运作过程中，同时或先后进行的各个环节之间相互联系、衔接而构成的体系。"近年来以城市公共空间建设为核心的新城市形态建设正成为发达国家提升城市竞争力的重要方式，它强调利用城市公共空间的集约和积聚效应提升土地资源利用、整合区域功能，创造城市活力，满足产业和社会发展需求。"

一、社会组织关系的系统性

在我国当代城市公共空间的建设实践中，尽管各部门都努力地履行各自不同的职责，但由于某些价值取向的不一致，再加上缺少沟通和联系，结果往往无法协调而相互制约和抵触；或由于权力和责任的分工不明确而出现管理的空白区或权力交叉，结果谁都管却谁也管不好。这些情况在一定程度上使得当前我国城市公共空间的建设"事倍功半"。

社会组织关系的系统性要求参与建设的各部门或集团之间，通过沟通、对话来协调矛盾和利益冲突，并由此而构成系统体系。在城市公共空间系统化建设过程中，各个部门之间的相互沟通也是系统性原则的一个体现。

（一）政府

现代城市公共空间系统化建设是一个多因子共存互动的过程，它成为一项综合的、动态弹性的、连续决策的城市空间环境的"系统工程"。在这个复杂而持久的过程中，决策管理机构以宏观目标为准则，对各部门进行协调，对建设过程加以监督和维护，保证它健康、合理、公正地发展。他们有责任把整个过程纳入"白箱"领域，增加透明度，并保证城市公共空间建设的开放性，从而最终实现城市公共空间的系统性发展。

在我国城市公共空间建设过程中，政府的组织作用应贯穿城市公共空间建设的整个过程，主要体现为以下方面：

第一，前期工作调查中采用问卷调查等形式向整治地段居民和社会广泛征求意见，发现问题。

第二，决策阶段向社会公布规划方案，征求市民意见。

第三，组织设计、招标竞赛阶段，要改变以往指定或委托设计方案的方法，扩大招标规模，增加透明度，广泛地征集方案和意见，增加透明度。

第四，建设开发实施阶段召开动迁业户、改造业户、商家和单位动员大会（包括专项动员会议），听取和交流意见，经研究修改后向公众公布，进行问题解答，取得意见反馈。

（二）公众

城市公共空间系统公共开放的本质特征决定了它应是源自公众、属于公众的，而不是由少数人或利益集团决定的空间体系。

城市公共空间系统化建设需要建立公众参与机制，因为公众的参与使城市公共空间系统化机制体系更为完善。设计人员与公众互相交流，设计者从公众那里了解他们的需要以及价值观，而公众从设计者身上学习技术和方法。在建设过程中，决策需要公开化、增加透明度；在建设完成后，还应把公众的意见反馈到城市公共空间系统的管理和其他建设中去，以保持它的不断发展。

信息社会中，公众参与的途径也向多元化的方向发展，也可以借助于展览、报纸、广播、电视等媒体甚至计算机网络来进行。例如，通过网络可以进行公众调查，公众通过网络来表达意见、提出建议等。新技术、新途径可以大大提高公众参与城市建设的积极性，并能够提高工作效率。

近年来，公众参与在我国已有较大进展，一些城市也体现出广泛的社会效果，市民热情参与空间设计和建设，引起了很好的反响。普通老百姓热心参与城市建设的状况表明了我国公众存在着很强的参与意识。当然，这仅仅是个开端，群众还并不能与领导和专业人员进行畅所欲言的对话，还不能使自己的意志完全充分地体现到城市空间建设中。因此，离实现真正意义上的"公众参与"机制还有差距。

我国应发挥社会主义制度的优势，从行政或法律上保护公众参与城市公共空间系统化建设和管理，这不仅是实现城市公共空间环境建设的需要，也是我国社会主义政治民主化的重要方面。公众参与有以下主要途径：

第一，决策管理部门从公众那里了解他们的需要，并在空间系统化建设中予以考虑和实现。

第二，把改造或建设城市空间环境的权力还给公众，公众可以亲自参与决策、设计、建设和管理，也可以通过公共权力代表机构加入城市空间系统化建设过程，在其中充当重要的角色。

（三）开发商

在很大程度上，良好的城市公共空间环境取决于空间周围的建筑群体关系以及它们和城市空间的关系。就具体建设项目来看，城市空间往往会同时拥有多重的委托人，或者涉及多重的业主，因此城市公共空间系统的建设过程容易被委托人的目标价值取向所左右，迷失了以人为本的根本目标，并对整个城市公共空间系统产生消极影响。

市场经济能给城市空间带来诸多正面和负面的影响，其实，如果建立在开放的基础上，它应逐渐地向健康有效的方向发展。越来越多的企业认识到，在市场经济条件下，企业的利益与公众的利益、环境效益和经济效益最终是相一致或接近的，只追求眼前小利而与广大公众的社会利益、环境效益相违背就不会有持久的发展。在当前阶段，结合我国市场经济和宏观调控相结合的国情，在坚持"以人为本"的原则下，允许开发商获得一定有形或无形的利益，可以提高他们投资城市建设的积极性。

（四）设计者

在公共空间设计过程中，参与设计活动的人员有各专业设计者、政府官员、城市建设管理者、开发商和使用者，他们对公共空间设计工作起着不同的作用，共同构成了公共空间设计集群。设计师在设计过程中是参与者和协调者，其工作不但是对公共空间开发建设提出构想、选择设计方案，还应对设计思想进行宣传、交流和贯彻实施。

综上所述，政府、公众、开发商、设计者之间相互协调，以保证各部门之间的交流和合作，由此形成城市公共空间系统化建设的参与部门的社会组织关系的系统性。

二、运作过程纵向的系统性

运作过程纵向的系统性，要求在运作过程中同时或先后进行的各个环节之间相互联系、衔接而构成整体城市公共空间系统化，建设过程中的每一步成功都取决于先前步骤的整体效果，这是一个动态的、渐进的运动过程。这个过程包含了调查分析、可行性研究和决策、政策制定、规划设计、资金支持、管理、公众参与等多个环节，因此需要通过一定的秩序来协调。我们对这个过程的研究，目的在于建立一整套有关城市公共空间系统研究决策、设计管理、建设和维护及评价等过程的方法体系。

城市公共空间建设有其独特的过程和内容。这种过程由若干个相对独立的阶段组成，每个阶段之间都有连续的信息传递和反馈，从而对公共空间系统的目标进行修正，使之趋于合理化和实际化。

（一）前期研究

所谓前期研究，即识别城市公共空间环境问题、发展机会并且对未来趋势进行预测。在确定城市公共空间系统化建设目标之前，有必要审视环境，对整个城市和区域的自然、社会和经济发展趋势、问题、机会进行识别和预测。前期研究应包括现场调查和资料分析两个步骤。

1. 现场调查

为了对城市公共空间环境有准确、真实的认识，研究设计人员应全面了解城市空间的总体形态和结构及具体地段的情况，这就需要现场调查。现场调查应收集相关信息和资料：①城市空间历史发展过程；②城市总体规划情况；③设计地段和周围相关环境的情况（土地利用现状、环境状况、建筑风格和特色）；④地段环境的社会情况（地方风俗习惯、人口和社会因素的变化）；⑤经济状况（经济开发潜力评估，包括经济价值、社会效益、文化历史价值、生态价值分析、开发供需状况等）；⑥基础设施的制约；⑦技术力量与条件；⑧规章立法政策；⑨居民意愿调查等。比较常用的现场调查方法有询问调查法（通过访谈、问卷调查）、观察调查法等。

2. 资料分析

借助于系统的分析方法可以透过调查所获得的信息资料准确地发现问题、把握机会，使信息资料成为系统化研究、决策、设计的依据和导向。公共空间的资料分析主要有四个方面：①功能分析；②空间景观分析；③使用活动分析；④保护与开发分析。在此基础上，进行开发前期的评估与研究，结合对内部环境分析和外部环境分析形成综合形势的估价，预测开发的价值取向，选择开发形式，进行可行性研究。

（二）系统目标的建立

1. 空间系统目标的确定

通过对城市公共空间环境现状的分析，使调查阶段的信息得到汇总，可以发现现状存在的问题，同时也掌握了解决问题的机会和办法，结合开发政策，建立城市公共空间系统化建设目标。目标应该是政策、经济、社会物质和精神生活、艺术价值等多方面的结合。根据城市性质、地段、建设规模、主题内容的不同，目标也表现出鲜明的独特性。

2. 方案设计和评审阶段

设计活动的最终目标是要获得一个满足公共空间系统最优化要求的方案，这是通过设计和评审来实现的。

（1）整个空间系统的设计过程是一个发现问题、解决问题的求解过程：社会调查—收集基础资料—分析存在的问题、潜力和有利条件—归纳问题—提出原则、确定目标—研究对策（解决问题）—确定方案—反馈调整。在分析问题和解决问题的过程中，通过专家咨询、设计竞赛、公众参与等途径不断征求意见，进行多层次的信息反馈、多方案比较、选择优化等关键环节，从而达到对方案及运作过程的调整、修正、丰富、充实和优化。

制订和评估可选性规划设计方案。对于任何长、短期目标的实现，城市环境的改善都可以寻求多种可能的过程。因此，需要政府组织有关专家共同制订和检测 3～5 个可供选择的方案，以选用最可行的方案，对每个方案的评估应从长、短期的影响来进行环境、经济和社会、文化等方面评估。最终方案的得出往往受两方面因素的影响：一方面是比较确定的客观性的设计原则、方法、经验；另一方面是主观性的、偶然的各种社会力量。所以最终方案一般是最符合当时各种条件的、最可行的。

（2）设计评审，比较、采纳优先性方案。经过对多方案的比较、全面审定，选取的方案可能是选择性方案之一，也可以是几个方案的综合。在尽可能的范围内，同时举行公众包括市民和业主对设计草案的听证会，对方案进行介绍、解释并听取意见，最后由有关机构执行修改后的方案。

3. 方案开发的实施阶段

在一定的资金和政策等建设条件下，城市公共空间的实施战略也是多种多样的。在规划设计方案形成并明确的同时，一系列实施原则和策略（如用地管理、资金使用、开发计划、引导政策等）也已经贯穿其中。

（1）实施计划：在设计方案的基础上，制定一系列条例、导则和策略，并通过行政立法手段，使之以法律形式加强城市公共空间建设成果的严肃性。

（2）方案的实施：由政府组织具体实施方案的指挥委员会，负责实施空间系统建设目标、目的及政策，同时落实筹集资金，按照批准方案组织施工。

（3）实施的指导和规划设计方案的修订：规划方案是一个不断发生变化的文件，因为构成这个方案的所有要素均处于动态的变化过程，因此政府在施工阶段必须引导这些变化向着良性的方向发展，而且根据变化的情况对方案进行及时修订。

4. 建成使用和维护管理阶段

当公共空间系统的设计方案实施到一定阶段或全面完成和投入使用之后，公共空间的运行、环境的管理和维护、居民的社区环境意识的形成、空间环境的评价和信息反馈等也是城市公共空间系统化建设的重要步骤，可以看作是后续工作。

综上所述，在城市公共空间的系统化建设过程的各个阶段中，每个阶段的具体工作目标和内容不尽相同。在前期研究（现场调查、资料分析）和系统目标建立阶段，主要是对基础环境信息的收集、整理和交流，发现问题和提出问题；并在此基础上确定系统的建设目标，制定解决问题的基本框架，预测未来效益和前景。在方案设计和评审制定阶段，主要是提出设计构想，进行方案评价和择优深化，使解决问题的方法具体化。在开发实施、建成使用和维护管理阶段，是确定实施的保障机制、实施策略、制定开发工作程序，以及后续的管理维护、社区组织工作，并提供反馈信息。

第三节　城市公共空间系统化建设的要求
与方针——以小城市为例

一、城市公共空间建设的发展趋势

进入21世纪，我国社会经济的整体全面平稳发展，下一步的目标是：树立科学发展观、构建和谐社会，建立环境友好型、资源节约型的社会。在这样的形势背景下，小城市的公共空间何去何从，是值得关注的问题，纵观国内外的发展趋势，可以总结为以下三点：

（一）服务设施人性化

以人为本的思想深入人心，公共空间回归到为人服务的轨道上来。这种人性的复苏迫使空间当中的设施配制也应该关心到人的行为和感受，使公共空间更具人性化。此外，在空间尺度上，不是贪大求新，盲目攀比，广场、草坪尺度顾及人的活动需求和心理感受。

（二）精神内涵人文化

对历史文化遗产、地方民俗风情的充分尊重，一方面，可以让本地居民产生主人翁的责任感和归属感；另一方面，也可以塑造具有特色的城市空间面貌，从而促进地方文化的发展。

（三）空间环境生态化

随着全球环境的恶化、资源的枯竭，生态和可持续发展已经成为时代的主题。对于我国而言，由于人口众多，随着城市化的推进，区域环境面临的压力必将进一步加大。此时此刻，将中国传统的自然山水思想同现代的生态思想相结合，建设生态化的城市公共空间环境，是新时代城市发展的出路，这是积极的，也是必然的选择。

二、小城市公共空间发展的时代要求

第一，新结构。应将小城市公共空间的系统结构完善放到城市规模高速扩张以及整个小城市空间结构重组的历史机遇当中。小城市的规模较小，尤其在过去往往只有几个街区甚至一个组团的规模，其空间结构也比较简单。

第二，新特点。重点把握与大中城市的区别，具体问题具体分析。其中主要包括：现状特点、趋势特点、解决问题方法的特点。

第三，新认识。时代呼唤人文、生态、可持续的发展观念。

第四，新关系。小城市公共空间建设同小城市社会经济发展进程、城市化发展历史进程、市民的远近期动态需求的关系。只有这三个关系结合起来综合考虑，才能构建和谐的小城市公共空间。公共空间（布局）同社会经济的关系是一个基础性的关系，社会经济的发展带来的连锁效应会促进公共空间的建设。

第五，新目标。生活性的、适宜人居的环境；小山、小水模式的自然山水城市，水系较小，河流较窄，两岸联系较紧；形成富有特色的城市空间，建设具有特色的小城市公共空间。

第六，新特色。小城市的资源禀赋、城市尺度有自身的特殊性，应该形成自己的特色。

三、小城市公共空间建设的基本目标

公共空间时刻关系着市民的生活，对城市的影响重大，公共空间的作用广泛，建设目标众多，但最核心、最具有战略意义的目标是我们必须把握的，尤其是对于小城市而言，其公共空间的成长性和可塑性比较大，因此，对于小城市公共空间目标的树立和控制，具有相当大的现实意义。

第一，保护地区生态，改善人居环境，走可持续发展之路。

第二，发扬地方文化，建设地方精神文明；加强服务设施建设，提供人性化的活动场所，走人文之路，建设理想家园。

第三，构建合理的城市结构，为城市的持续发展、高效运营提供支撑。

第四，塑造城市特色风貌，提升城市形象，增强城市的区域竞争力。除此之外，值得提出的是公共空间与社会经济的影响和互动，公共空间的建设对社会经济的影响是潜在的、持久的、深远的。所以，一个潜在的目标就是：通过城市公共空间结构布局和形态建设，优化生产力布局，提高城市运转效率，增强城市吸引力，促进社会经济的良性发展。

四、小城市公共空间建设的战略方针

（一）利用小城市扩张动力重构公共空间系统

1. 小城市发展与城市公共空间系统建构

长期以来，小城市处在地区发展的底层，经济的落后导致城市建设的发展十分缓慢。

在 20 世纪 90 年代以前，大部分的县城都只是具有一定政治功能的"卧城"，从城市的角度来说，基本上是由单一的居住生活功能组成的。进入 90 年代，改革开放的深入发展使得小城市也表现出活力，尤其是江浙地区，一批乡镇企业开始发育，工业生产逐渐成为小城市经济和社会生活的重要部分，城市建设开始快速启动，城市化逐渐推进。

直到 2000 年前后，国内经济持续的发展已经形成了内在驱动力，国家经济整体环境的良性发展带动了小城市的进步，在此条件下，小城市在城市建设上基本上是整体发力，整体开始有所发展，但是进步仍然缓慢，同时全国的小城市发展开始出现分化。部分东南沿海地区的小城市受政策和区位优势的影响，经济快速发展，小城市迅速扩张。

到 21 世纪初，受国家良好的整体经济发展的带动，中西部地区小城市的发展也进入快车道，至此，全国的小城市发展已经全面进入高速扩张时期。因此，从目前来看，从小城市的现状来看，我们可以得出以下重要的结论：

第一，绝大部分小城市，结构布局简单，旧城包袱小，受现状的牵制不大，有助于构建完善理想的城市公共空间系统结构。

第二，小城市正处在高速扩张的进程之中，城市发展动力充足，可塑性非常强，这是重构城市公共空间系统的大好良机。

2. 新区扩张模式与小城市扩张模式选择

外溢式和跨越式，是城市扩张过程中面临的必然选择。发达国家在对城市进行旧城改造与更新的探索中纷纷建设副中心，比如日本新宿副中心、法国巴黎德方斯的建设等，并由此拉开了关于城市扩张模式探索的高潮。自古以来城市都是随着发展而自然地以旧城为中心向外做同心圆扩张，俗称"摊大饼"。

现代城市的高度集约和复杂，并且城市规模也成几何基数增长，导致古今城市已经悄然完成了从量

变到质变的转换，人主导的城市，变成了汽车和机器主导的城市，大量空前的城市病汹涌而来，并且城市规模的超常扩大也产生了始料不及的城市中心空洞化。这一切都迫使人们寻找新的城市扩张模式，那就是"多中心并列、跨越式"的发展模式，并且逐渐成为大城市发展的一种趋势。这原本是由西方付出了许多代价才换取的经验，却并没有引起我们的重视。"单中心同心圆，外溢式"的扩张模式仍然困扰着我们的超级大城市。

城市规模不在于控制，而是疏导，当其城市开始高速增长时，一定要抓住其跳跃式、跨越式发展的契机。跨越式发展模式的核心概念，就是在城市高速成长的初期，在现有城市建成区以外，建设与老城平行的城市功能区，以容纳新产生的城市职能，将单一增长核心转变为多个增长核心的发展模式，其特点有以下三点：

第一，不仅是局部职能，如工业或居住的迁移，而且要建立一个稳定完整的社会服务体系。

第二，转移后新区的主导职能不再仅仅是老城相应功能的延伸，而是彻底压倒和取代老城该项城市职能。

第三，最终在规模上和质量上要全面超过老城。

关于单中心和多中心的探索源于大城市扩张和大城市总体结构问题，但是由此而引发的外溢式和跨越式的城市扩张模式却带有一定的普遍性，而且，我们也欣慰地看到跨越式的城市扩张模式为我们解决其他的城市问题也提供了一个新思路，借助跨越式的发展，重新调整城区空间结构，建设公共空间系统，实现城市空间结构的优化。

3. 坚持发展，优化空间结构，重构公共空间系统

对于小城市而言，此前的城市发展基本上是依托过去计划经济时代的城市空间格局，各个单位以道路和围墙为分界，所谓的城市结构就是城市路网结构，所谓的城市空间就是城市的道路空间。道路修好了，单位放进去就是城市，整个城市没有布局，也没有空间，只有简单的方格网和围墙。这就是当前我们的小城市赖以扩张的城市基础，在这样的基础上延续原有的空间结构，去构建未来合理的城市空间结构几乎不可能，这也就是我们抛弃过去旧的城镇格局，坚持跨越式发展的原因和必然。

城市公共空间系统和城市交通系统共同确定了城市空间结构骨架，公共空间系统是城市的生活性骨架，城市交通系统是城市生产、生活的运输性骨架。现代城市的四大功能分别是居住、游憩、工作、交通，居住和游憩都离不开公共空间，没有公共空间，城市就是由一些私有的居住和工作单元组成的零散、孤立的个体集合，就不成系统，不成社会，所以公共空间必然要成为城市的主要"骨架"。而交通是联系其他三大功能的系统，它天然就是城市的骨架，这在古代的城市中就有明显的反映，只是古代的城市是以人为主体的，具有人的尺度和亲和力，人能够把握和亲近，其道路空间也可以活动，交通活动和生活活动是融合在一起的，道路空间和人的生活空间是一体的，只是随着现代城市的发展，人的主体性让位于机器和汽车，交通空间和人的活动空间被迫分离，这种状况才有所改变。

现在，人性回归，人本身对城市主体性的要求日趋增强，人的活动空间理应再次成为城市的主要骨架。从更加本质的角度讲，城市是一个以人为中心的集合体，城市活动不外乎生产、生活，生产反过来也是为了生活。因此，专门实现人们城市生活的公共空间也必然成为城市的"主心骨"。

实现跨越式发展，其首要的战略任务就是实现城市空间结构的重新布局，建立合理的公共空间系统。公共空间是城市中"空"的部分，是城市组织单元的"黏合剂"，它统领整个城市空间，为城市肌体输送"营养"，得到"营养"的部分就充满活力，失去"营养"的部分就萎靡不振。正是利用公共空间的这种特性，小城市空间结构的调整是依托公共空间的建立和完善，建立结构清晰、等级明确、体系完善的整体城市

空间布局，实现城市结构的优化。

要对城市空间结构重新布局，首先是鼓励动员城市有实力和号召力的单位组织搬迁，比如，政府机构、大的企业集团等先行迁移。然后将城市空间结构的选择和布局同人文发展、生态保护结合起来，组织构建合理的公共空间系统。

（二）控制小城市公共空间的建设进程

1. 公共空间建设的过程和周期

过程是一切生命现象的本质，公共空间的发展是一个循序渐进的过程，其建设进度不仅取决于人们的需求，还取决于政府的财政能力能否支持以及与城市的总体发展是否冲突等。因此，公共空间建设过程控制的意义就在于以下方面：

（1）使公共空间建设的远期目标和近期目标结合。

（2）使公共空间的发展时刻适应人们需求的变化。

（3）使公共空间的建设同城市的总体发展相协调。

只有控制了过程，公共空间的建设才有意义，毕竟城市建设没有终点，人们的需求也没有终点，城市化和人们生活的本质就是一个不断变换前进的过程。因此，一个必要的工作就是：制订小城市公共空间建设规划，将城市经济发展阶段、政府财政能力、生活水平、公共空间需求同公共空间建设进度结合起来。

分析公共空间建设的阶段和进程，可以更明确地了解与之相关的影响因素和相互之间的互动关系。在城市正常稳定的发展期间，针对某项公共空间建设，其建设需要经历的过程是"选择用地—控制用地—建设实施—使用维护—改造更新"。

在"建设实施"之前是资金筹措阶段，在这个阶段政府对公共空间建设的财政支持逐渐增加，并最终达到足额的项目资金；公众对公共空间建设的需求随着生活水平的提高也逐渐增加，直到实施前达到最高；而公共空间建设实施的前期工作"用地选择"和"用地控制"也如期进行。

建设实施后，进入公共空间使用阶段，这时，主要的财政支出是管理和维护。因此，政府财政对此公共空间的支持资金又开始回落，并随着时间的推移，维护和修缮的费用不断增加直至进行改造更新，随后便进入"使用维护"和"更新改造"的持久循环。

公共空间建设进度分析揭示了经济社会发展的城市公共空间发展都有个过程。不同时期，人们生活水平和对公共空间的需求不同，政府财政支持也不相同。最理想的状态就是：在人们的公共空间需求达到顶峰的时候政府也具备了充足的财政支持。为了配合各项工作向这个理想状态靠近，对公共空间的建设工作要未雨绸缪，对城市公共空间的发展做出充分的预测，在人们的需求开始增长的初期，就应该进行公共空间建设的筹备工作，可以先行"选取用地"，待资金到位后再进行建设。

在公共空间建设的过程中，协调公众需求、财政支持和建设步骤的关系，就是为了实现公共空间建设目标的远近结合，使公共空间建设尽可能地贴近公众需求，落实整个城市的战略部署。

2. 协调公共空间发展的远近期目标

城市化不是一个静止的结果，而是一个动态的过程，所以我们不仅控制目标的调节过程，要结合城市化进程，走小城市公共空间动态发展和远近期目标相结合的道路。如同人一样，城市不仅有自己的生命（如楼兰古城和庞贝古城），也有自己的理想。城市的现实不断变换，城市的理想也不断调整，城市的生命就是存在于这样不断调整的过程之中。城市的更新进步，将城市的发展目标和城市发展过程联系起来。公共空间需要在这个进程中适当地扮演自己的角色，因此也必须具有进程的观点，既要考虑到公共空间的阶段性作用，也要考虑到长远目标。

（1）以现代的先进思想对公共空间建设进行引导，建立富有远见的长期目标。公共空间的发展，牵涉各个方面，关系到各方利益，因此，公共空间的发展是各方利益不断妥协的过程。但是，这个妥协要有原则。公共空间是有自己的理想的，公共空间建设必须有远期的战略目标，其整体结构布局是城市发展的内部骨架，关系到整个城市的发展，因此，不管面对的是开发商，还是局部群众的要求，一些涉及公共空间长远布局和结构性的原则问题，是不能盲目顺从和简单妥协的。否则，后患无穷，必然给以后的发展带来极大的困扰。

（2）加强操作的弹性和过程控制，适时调整公共空间的预期目标，使公共空间建设更加贴近市民的阶段性需求。事物的发展在不同条件下和过程中，表现出的问题焦点不同，解决问题的重心也有所不同。随着城市的发展，城市经济由落后走向发达，人们的"边际需求"也不断从低到高逐渐升级。人们总是首先解决衣食住行等最基本的生活问题而不是其他，人的需求由低到高依次为安全、生理、交往、自尊、自我价值的实现。人自身发展的由低到高的进程，决定了在城市这样一个以人的需求为核心延伸出来的人类栖息的场所，它的发展也必然沿着这样的一条道路发展，它首先必须成为人们能够在其中生存的地方，然后才是实现人类理想的场所。

小城市目前的城市发展有限，但其潜力巨大。最近一段时间，随着经济的腾飞，小城市空间扩张愈演愈烈，无论从规模上，还是从质量上，城市建设都上了一个台阶，人们对公共空间的建设自然也有了更高的要求。面对这样一种要求和趋势，公共空间的发展也必然要经历一个由低级向高级逐渐发展的过程，在这个过程中公共空间必须做适时的调整，使公共空间的弹性同人们的生活水平的动态发展相协调。从具体操作来看，这种弹性变动主要包括公共服务设施的更新、周边建筑的改造、场地的重新改造以及绿化环境的调整等。这种调整是一个积极主动去适应公共生活的过程，正是在不断的调整中去完善公共空间自身，并且一步一步地向远期目标靠近。

（三）促进小城市公共空间的系统化建设

根据现代系统科学的观点，一切自然物不是一个系统，就是某一个系统的组成部分，整个自然界是一个系统。或者说，自然界以系统的方式存在着。所有具体事物不是一个系统，就是一个系统的组成部分。现代城市是一个大系统，是一个以空间利用为特点，以聚集经济效益为目的的集约人口、集约经济、集约科学文化的地域空间系统。城市公共空间系统是其中的一个子系统。公共空间系统不仅参与组成了城市巨系统，它本身也是一个系统整体，这就从方法论上要求我们有必要从系统的角度加以考察研究。

对于小城市，由于本身的底子薄，公共空间发展不完善，系统性比较差的问题尤其突出。从小城市公共空间建设所涉及的各个方面，将小城市公共空间的系统化建设分为以下三个方面：

1. 城市公共空间的系统化

系统性是城市本身的基本属性，公共空间作为城市的重要组成部分，不仅处在城市巨系统当中，其本身也是一个完整的系统，只是城市处在不同的发展阶段，公共空间的系统性强弱不同。系统性是城市公共空间成熟完善的表现，系统性越强，公共空间体系越健全，服务效率越高。系统的基本属性包括整体性、结构性、功能性、层次性，这也正是公共空间建设所要求的。对于小城市而言，城市化的滞后严重制约了公共空间的发展，现阶段的小城市公共空间多是支离破碎的，因而其系统性更加需要加强。

2. 建设管理的系统化

建设管理的系统化主要是要求相关的建设机构更加完善，这不仅是公共空间建设的问题，也涉及整个小城市的城市建设问题，公共空间建设的管理需要借助城市的管理机构，因而，公共空间建设管理的系统化建立在城市管理系统化的基础之上。系统化的通俗化表达就是完善，对于公共空间而言，就是意味着建设管理机构和管理机制的完善，包括法律法规的健全、管理人才的储备、管理经验的积累、管理过程的监督控制、信息的反馈等。整个管理系统化的过程也是一个循序渐进的过程。

3. 规划方法的系统化

系统是事物存在的形式，设计方法是一个抽象的存在，它不像城市空间和城市管理机构那样是具体的存在，正因为如此，它才更容易为人们所忽略。就目前而言，对于公共空间的研究仍然是探讨具体空间形态设计的多，研究整体系统和策略方法的少，这正是我们广大规划同人的责任。

（四）促进小城市公共空间建设的经济性

对于一定的城市来说，公共空间是一种有限的物质资源，所以它具有客观的经济价值，在城市土地资源紧张的现实世界里，如何合理地发挥公共空间的经济价值是非常现实的课题，也是公共空间建设的必然选择；以空间的优化配置促进经济发展，以经济发展促进公共空间建设，这也可以是一个良性的互动。空间从来就是政治和策略的空间，它看起来同质，看起来完全像我们调查的那样是纯客观形式，但它却是社会的产物，空间的生产类似于任何种类的商品生产。城市空间首先是一种社会，而不是一种科学或技术，城市空间政治经济学并不是一种谈论空间的科学，而是一种空间生产的理论。城市空间不是几何学，不是美学，也不是纯粹的技术学，而是一种经济学和社会学，空间产生的内在动力就像商品被生产出来一样。城市空间和经济的关系是互相影响、相互促进的，空间结构是城市经济发展的支撑力，经济是城市空间发展的内在推动力。因此，要解决公共空间发展的动力问题首先就要解决它同城市经济发展的关系。

1. 规划公共空间长远结构布局

经济全球化逐步深入，第二次产业分工进一步加剧，与第一次全球产业水平分工不同，这次产业分工的特点是垂直分工，即生产过程中的垂直部门分布在不同的地区和城市。在这样的国际大背景下，小城市经济的发展，还仰赖于所在区域经济状况、上一等级城市经济状况以及自身资源的情况等。

从现实的眼光看，我国人口众多，劳动力密集型的制造业，在今后仍将是不能放弃的一个发展方向。在可以预见的将来，或许我国发达的大中城市要"退二进三"（比如北京），吐出制造业，但是，二、三产业很弱，并且拥有过剩劳动力的小城市更多的是要吸纳制造业，这也正是小城市第二产业转折飞跃的最佳时机。至于第三产业，主要是为了满足本地市民的生活需要，其未来发展的转机是人们的生活水平提高，对公共服务业的要求提升，第三产业快速发展。事实上，二、三产业逐步递进发展，不仅是小城市，也是整个社会发展的一个经济规律，不只是发展的具体过程。因此，可以预见，小城市最可能的发展过程将是吸纳大中城市摒弃的制造业，迅速发展自己的第二产业，增加市民收入，提高生活水平，公共服务需求上升，第三产业快速增长。

了解小城市的经济发展过程，可以将城市公共空间的布局和建设同其经济发展阶段联系起来，充分体现规划和建设的弹性和适应性，通过过程控制，实现目标规划，使每个阶段的公共空间建设都更贴近当时的公共生活需求，并且将公共空间发展的远近期目标（第二产业快速发展时期和第三产业快速发展时期的公共空间建设）充分结合起来，形成最优的公共空间发展过程。

在公共空间随城市经济进步而发展的过程中，结构的影响是深刻的、长远的，形态的影响是弹性的、瞬时的。因此，一个重要的策略是：即使在小城市发展的低级阶段，仍然要规划建设富有远见的城市公共空间结构。如四川乐山绿心都市具体的空间形态完全可以随着历史的发展和时代的要求逐渐地去完善它，但是空间的结构性骨架应该是远期的，即使没有经济能力建设也一定要控制、预留为以后的建设和完善留下可能。结构是长远的、支撑的，形态是短期的、贴身的；结构是理想的，形态是现实的；结构是抽象的，形态是具体的。

2. 建设符合自身实力的公共空间形态

城市的发展是一个动态过程，公共空间作为城市中最具活力的一部分，时常面临更新和改造的境况，而且，历经数百年的补充完善的空间，也更具历史文化魅力。

社会在进步，经济在发展，时代在变化，人们的需求和审美也在改变，不要妄想建设一步到位的公共空间，公共空间的发展只能与时俱进。"整体经济的发达—第三产业（服务业）发达—公共生活发达—公共空间发达"，公共空间的发达和完善客观上也需要一定的经济支持，那些超出自身消费水平的公共空间建设是不现实的。"一百年不落后"只是政治口号，既不现实，也不可能。某些为了满足政治虚荣心的超前建设，只能增加城市的财政负担，造成资源浪费和使用不便，最终将遭到唾弃。

3. 加强政府对公共空间建设的主导权

公共空间具有相当分量的公益性质，其直接的经济回报较低，多为开发商所不齿。政府要做到有的放矢，投入的资金造成的地价增值和其他经济效益有效回笼，政府可以利用资金进行滚动开发，从而步入良性循环的轨道。一个可以参考的开发顺序是：先行投入少量资金进行公共空间环境建设，给公众和开发商以发展的信号和信心，再对周边土地进行市政建设，卖出熟地，得到较高收益，将收益的一部分投入公共空间的设施建设，进一步完善。

通过经营城市，公共空间和经济互相结合，最终实现城市发展和经济发展的双赢。公共空间所附带的服务设施和景观条件等，使得随着到达公共空间越方便，城市土地价格越高，逐渐形成以公共空间为山顶的地租等高线，这些级差地租的形成就是经济对公共空间的利用，或者说是公共空间的经济价值。在旧城改造中，通过公共空间建设，激发地区活力，改善人们生活，带动地段经济发展。这里唯一要强调的就是：贯彻经营城市的思想，制订细致可行和开发方案。

4. 公共空间的规划布局同经济产业布局规律结合

从经济上看，第三产业同公共空间的关系最为密切；从资源条件上看，自然资源和经济资源都同公共空间具有天然的联系。第三产业意味着公共服务，自然环境意味着开放的空间环境，公共空间就是要提供优良的环境和服务，服务需要良好的环境来支撑，环境需要用账务的收益来维护，服务和环境密不可分。

协调自然环境同经济产业的关系，让自然资源体现出经济价值，给经济产业赋予人文、生态内涵，公共空间为二者提供了最佳的结合平台。公共空间如此"乐善好施"，最终也成就了自己，实现了自身的经济价值和生态意义。第三产业、自然环境和公共空间是三个互相吸引的磁体，这是我们进行具体的公共空间布局所应该具有的敏感性。

（五）加强小城市公共空间建设的社会性

城市是标，社会是本，城市空间是社会空间的延续，城市结构在一定程度上是社会结构的反映。建设优秀的公共空间，需要一个良好的社会环境和气氛，建设空间须从建设社会做起。

第一，塑造开放的市民性格，培养市民关注公共生活的热情，培育具有公共倾向的市民。封建社会备受压抑的国民性格定型，其冰封、僵化的个性需要被逐渐消融；其思想深处被压抑的人性需要被解放；一些潜在的精神烙印需要抚平。

公共空间意味着"民主、开放"，它具有相当重要的社会意义，它会促进社会向健康的方向的发展，反过来，民主、开放的社会也会促进公共空间的建设，二者是互相影响、互相促进的。只有充分调动市民的热情，重塑市民的性格，让全社会行动起来，每个人都增强积极参与公众事务的意识，加强自身参与建设和谐社会的力度，促进市民社会的建设和发展。

第二，建立有利于市民参与公共事务的机制，形成多元、包容、共荣的社会氛围，促进社会向更加民主、开放的方向迈进。从市民社会的建构出发，积极引导民主、开放的社会公共生活。

随着我国经济的飞速发展，理想的状态是建立多元、包容的社会氛围，给不同的人群以说话的权利，加强社会发展的公众参与程度。比如，建立并完善市民听证制度，加强市民对决策、管理、监督、使用的权利，使公众参与更具体，这是从公共空间建设的操作层面出发而得出的社会学方法，公众参与既是民主社会发展的必要，也是科学地进行规划设计的需要，这不仅是方法也是策略。只有这样，公共活动才真正体现了社会意义，公共空间的建设才能更多体现公众的意志。所以，建设公共空间，需要良好的社会公共生活氛围，更需要一种保证这种社会氛围的健康机制。

第六章 城市公共空间系统化建设
——以适老化建设为例

第一节 城市公共空间适老化景观建设

一、适老化居住区景观环境设计原则

(一)安全性原则

根据需求层次理论,人的安全需求属于继生理需求后的第二层次需求。从老年人生理、心理、行为方面考虑,居住区景观环境设计的安全性至关重要。"在我国人口老龄化与存量更新的时代背景下,既有住区适老化改造意义重大,势在必行。"居住区中与老年人相关的安全性设计原则,主要包括易控制、易识别、辅助性及可防卫性四方面。

1. 易控制

易控制在这里主要指居住区内公共活动空间以及景观元素的尺度。尺度适宜的环境会令人感到温馨、亲切,而巨大的空间、宽广的街道等都暗藏了很多不可控因素,使人感到无所适从。对身体机能弱化的老人来说,小尺度的距离可以使他们对自己所处的环境有一个较为全面的了解,获得控制感及安全感,例如住区中降低高度的花池方便乘坐轮椅的老人与植物接触;居住外环境中小尺度亭廊的设置能够方便老人熟悉周边环境,满足有视听障碍的老人之间交流互通,不完全封闭的亭廊还能够保证老人能够被观察到,利于老人在突发状况下被及时搭救。

2. 易识别

视听能力下降以及记忆缺陷是老人进入晚年的明显特征,因而一个识别性高的居住环境对老人来说非常重要。在户外环境中易识别的信息对老人的户外活动起到辅助作用。提高环境识别性可以通过设计清晰明确的路线来实现;一些色彩鲜明、造型独特的标志物设计能够方便老人辨识方向;利用标识设计符号、材质、凹凸、比例和图案的差异性也可以提高识别性,来帮助有视觉缺陷的老人;夜间照明设施的连续性设计也可帮助老人和来访者找到目的地。

3. 辅助性

辅助性在这里指老年人在借助必要的帮助设施的条件下独立完成具有挑战性的活动。辅助性环境能够消除老人的疑虑、克服恐惧和胆怯心理,满足自尊和自我实现的需求。例如在户外部分环境中设置扶手、栏杆等鼓励行为不便的老年人继续前行;在公用伞具等公用设备和设施上标识"老年人优先",增加老年人受尊重的满足感;特别设置一些防雨、防滑、防跌落的铺装或设施,能够让老人安心参与活动。

4.可防卫性

可防卫性理论基于"以环境设计防止犯罪"的环境设计思想，这一思想相信通过有效的环境设计可以阻止或预防犯罪的发生。犯罪行为是阻碍老人与孩童参与户外活动的原因之一，老人常因为对陌生环境带有恐惧感及焦虑感而拒绝外出或无法全心投入活动。可防卫性设计能够带给人安全感，同时也是某种权利的体现。例如在户外环境设计中，将座椅摆放在靠近建筑、植物或封闭的角落，能够使人处于"看人"而不是"被看"的有利境地，这种自然监视环境具备可防卫性，使老人获得安全感。在户外环境中，提供一些具有隐蔽、围合的空间是有必要的，但也要考虑户外活动的性质和特点，不适宜大范围使用。

（二）人性化原则

人性化设计是指在设计过程当中，根据人的行为习惯、生理结构、心理情况、思维方式等，在原有设计基本功能和性能的基础上进行优化，让参与者使用起来更加方便、舒适。居住区景观设计应最大限度地满足老年人的行为习性，体谅老年人的情感，使老人感到舒适、便利。结合老年人特征及需求，总结了居住区中满足老年人特征及需求的人性化设计原则，主要包括引导性、可达性及可选择性三方面。

1.引导性

引导性一般指在空间中运用不同的构成元素，使人明确方向。这些元素能够满足区域及区域间的联系，引导老人由一个空间进入另一个空间。例如利用单一狭长的通道引导老人；利用具有连续性、色彩鲜明、便于理解的标识、铺装等进行引导；通过视觉、嗅觉的刺激激发老人对下一个场所的到达欲望，引导老人前往较远的区域等。设计能够绕回住宅入口的步行道或连续的步行道，因为闲逛和散步是许多老年痴呆患者的主要行为特征，有引导性的走廊及步行道的设置能够减缓患者的不安和焦虑，利用潜在的记忆对熟悉空间"寻找回家的路"，防止患老年痴呆症的居民困惑和迷路。

2.可达性

可达性作为景观格局分析的一个指标，有非常广泛的含义，既包括了时空意义上的概念，又包含了心理学、社会学意义上的内容。可达性在这里指老人从给定地到目标地点的方便程度。因体力、心理等各方面的差异，老年人对可达性的要求较高。因为老人、儿童等体弱者体力较成年人偏低，可在公共空间中每隔100米设置一把座椅供其休憩。再如，人都有"走近路"的行为习性，如若不是以观赏或锻炼身体为目的，人通常都会选择较短距离的途径作为出发地到目的地的路程。体力较弱、腿脚不便的老人比年轻人更偏向于"抄近路"。尊重这一点不仅方便老年人出行，满足大众的行为习性需求，还能够为城市树立美丽、文明的形象。

3.可选择性

性格、性别、身体状况、年龄层次、文化程度、兴趣爱好不同的老人所选择的活动环境也不同，天气、温度、活动内容均会影响老人对环境的选择。可选择的居住区景观环境设计有助于提高老年人参与户外活动的频率。鉴于老年人不同的需求，居住区景观设计应综合考虑，提供多样的空间、设施与活动，留有选择的余地，这样可以满足不同需求的老年人参与。例如群体交往空间能够为老人提供参与集体活动的场地，满足老人的归属感；小规模交往空间可用于棋、牌、歌、舞等娱乐活动，满足老人邻里感的需要；老人在休息空间中可以晒太阳、呼吸新鲜空气、养花或喂鸟等。而每种类型的空间又有不同位置的选择、不同的设计形式以及附属设施配置。

（三）社交性原则

人的生存与活动离不开与他人的交往，社交需求是马斯洛需求层次理论中的第三层次需求，对人的心理有着重要的影响作用。人在步入老年后，社交范围缩小，居住区中的居民是老人最常接触的人群，良好的居住区户外环境能够促进彼此的沟通交流，满足老人安全感、归属感、领域感、邻里感及自我实现的心理需求，缓解恐惧、孤独、自卑等消极心理特征。

1. 领域性

居民在户外空间活动时总是直接或间接、有意或无意地按照领域意识来使用户外环境。从实地调查来看，老年人对自己常使用的活动区域有着强烈的领域意识，他们希望能够享受领域感的同时又可以与他人共同参与活动，并从交流与活动中获得乐趣。在设计时，要允许那些场地的固定使用群体将某些地块据为自己的专用领地，老人通过这样的方式可以预先知道自己能够在哪里遇见他们的朋友、亲人并从中获得安全感及凝聚力。居住区中也可以划出正式的园圃区并将其划成若干小块分给每位居民使用，老人能从自己的小块园圃中获得领域感，提高参与活动的积极性。

2. 易接触性

户外环境的设计应易于人和人之间较为频繁地接触与交流，增加人们的互动机会。例如，户外休息区可设置在靠近门厅、餐厅或室内活动区附近，也可以将主入口的座位布置成U字形以增加人和人见面打招呼的机会；座位的摆放须注意避免人们因目光的直接接触而产生尴尬情绪；一些游戏场所和儿童活动区应为老年人提供座位，增加老人间聊天的机会。

3. 可参与性

景观不仅是用来欣赏的，景观是人们生活中的一部分，与人随时、随地产生着不同形式和不同程度的联系和互动。可参与的景观有助于调动人参与自然及社会活动的积极性。例如，在受欢迎的空间设置喂鸟设施能够活跃气氛，为老人们提供交谈的话题；在户外设置不同高度的园圃并提供园艺工具能够方便老人靠近并参与其中；社区内组织各种活动也都可以鼓励老人参与到自然活动、人与社会的活动中，为老人提供掌握技能与实现自我价值的机会，还便于老人交流经验、互相帮助。

（四）艺术性原则

居住区是老年人生活起居最常使用的场所，因而居住区户外环境的景观设计应着重考虑当地居民的喜好和审美情趣，设计风格要考虑大众的喜爱和认同。好的居住区户外环境掌握了优秀的艺术原则，可以给人美的视觉感受，通过居住外环境优美的视觉效果、优雅的整体形象可以缓解人的情绪，振奋精神，愉悦人的心情。特别是对于身体较弱或患有病痛的老年人，美好的居住环境能够吸引、鼓励他们参与户外活动，给他们带来生活的信心和勇气。例如，居住区户外环境设计应该色彩、比例和谐统一，符合美学特征；在公共空间中增添多种多样充满情趣的假山石、喷泉、雕塑等艺术小品，提高环境的品质和艺术性。

二、公共活动空间景观环境设计

居住区公共活动空间应丰富多样，满足老年人不同使用需求。由于年龄、健康、兴趣、文化不同，老人对于居住区公共活动空间环境的要求也不同。功能丰富的空间设计可以为老人平淡的晚年生活增添乐趣。"基于代际共享理念，在对老旧住区不同年龄段居民户外活动时空规律及环境行为特征分析的基础上，归纳了能够促进代际共享互助的住区户外空间环境特征。"综合老年人的基本特征及需求，将老龄化社会居住区公共活动空间类型归为以下类别：

（一）交往空间

户外活动中的交往空间是老人参与活动、获得与他人沟通与交流的主要场所。通常，户外交往空间的设计要考虑建筑之间的关系，建筑与人的关系，人与人的关系，让空间丰富有趣并具有交往性。结合安全性、人性化、社交性、艺术性设计原则，从布局及位置、空间的尺寸与形式以及附属设施配置三方面分析了群体交往空间与小规模交往空间的设计，以期满足老年人生理上便捷、舒适的需求及心理上的邻里感、归属感、领域感、自我实现的需求。

1. 群体交往空间

打太极、打球、广场舞、健身操等群体性活动是许多老人非常喜欢的户外活动，群体交往空间能提供给老人参与群体性活动的场所，是群体性活动的物质载体，使老人继续享受生活乐趣，弥补老人退休后所失去的集体感。

（1）群体交往空间布局及位置。群体交往空间一般选择面积较大、停留人数较多的居住区中心区域；考虑老年人的易达性，选择较大的交通节点布局，便于住区内不同组团中的老人能够顺利参与活动；它与附近的车道应有一定的距离，保证老人的安全。此外，群体交往空间应选择距离居民住宅较远的区域，避免噪声打扰居民休息。

观看活动也是老人参与户外活动的特殊形式，群体交往空间应考虑动静结合，在群体交往空间附近应安排静态休息区域，并保证静态休息区域与动态群体交往空间互通，使老人能从静态区域观看动态区域，满足"人看人"的心理特点。

（2）群体交往空间尺寸和形式。群体交往空间面积较大，一般能够容纳20人以上。居住区中常使用台阶、坡道形成带有高差的群体交往空间，不但能够通过空间的区分形成层次感和领域感，还能够满足老年人从高处观察他人活动的心理特点，产生居高临下的心理感受，很受使用者欢迎；经调研发现，由带状边界围合形成的"袋状"的群体交往空间参与度较高，可以给老人带来开阔明朗的视觉享受，一览无余的视野也为老人提供了观察外部环境的绝佳条件。

（3）群体交往空间附属设施配置。群体交往空间应设有草地、大树、风雨连廊、亭台等供老人遮阳避雨的区域，老人可以在这里休息、娱乐、聊天、晒太阳；就近设置卫生间、饮水器、小型商店等服务设施，更方便老人使用。另外，综合布置老人、儿童及其他人群的活动设施，尽可能使老人能与其他年龄层次的群体共同使用同一个活动场所，可以缓解老人负面心理情绪，使老人感受活跃、积极的活动氛围。

2. 小规模交往空间

小规模交往空间为老年人最常参与的活动空间。在小规模交往空间中，老人常三五成群，一起下棋、打牌、聊天、遛鸟、散步、品茶。通过参与小空间活动，老人可以保持与他人的交流及联系以慰藉心理的孤独感。

（1）小规模交往空间布局及位置。小规模交往空间常为开放空间或半开放空间，离居住区的建筑较近。一般安排在广场附近、道路旁、建筑组团出入口形成的直角或U字形地带，易于到达并拥有一定的人流量；小规模交往空间应尽量选择在老人所熟悉的、感兴趣的地方作为活动场所，老人可以在这里遇到自己熟悉的或有共同兴趣爱好的朋友。另外，小规模交往空间尽可能选择阳光充足、通风较好的地段，避免在风口、阴冷的地方。例如南方夏季闷热，冬季阴冷多雨，极端的天气容易促使感知能力退化的老人感冒，诱发关节炎等病症。

（2）小规模交往空间尺寸和形式。小规模交往空间可以供5～15位老人参与活动。沿路形成的半围合空间、与道路相接形成的 U 型空间、焦点空间、抬高或下沉的地面形成的虚体空间都适合作为小规模交往空间。沿路形成的半围合空间、与道路相接形成的 U 型空间容易吸引路过的老年人参与活动，形成小规模活动空间；小喷泉、景观树、小型雕塑形成的焦点空间容易引起人们的停留和聚集，引发自发性活动或社会性活动；经观察，老人和孩子非常喜欢在抬高的亭廊或下沉的小型广场中合唱、打牌、打球，抬高或下沉的地面能够形成明确的空间界限，利于老人对参与空间的掌控，形成心理上的领域感和安全感。

（3）小规模交往空间附属设施配置。小规模群体交往空间周边应设有遮蔽功能的树木、廊架，老人可以舒适地享受户外自然风光；西北地区冬季寒风强劲，植栽、墙体形成的围合空间可以遮挡强风，保持局部地带的温度。为加强空间的交流功能，丰富老人生活，设计中可增加一些景观要素引起老人的兴趣，例如，空间中增设一些喂鸟器、棋桌；艺术品设计尽可能贴近老年人生活的主题；空间中还可提供夜间照明以及可移动的设施让老人自由摆放，增强老人对空间的可控制感。

（二）休息空间

1.休息空间布局及位置

老年人使用的休息空间应充分满足舒适性。在选择位置时，首先，应该考虑到老年人身体机能较弱，对于冷热交替变换非常敏感的特点，保证夏季可以纳凉、冬季可以采光；其次，休息空间朝向的选择应避免阳光直射，老人视力退化，在强光的直射下容易眩晕；最后，与观赏空间相结合的休息空间能够使老人身心舒适。将作息空间镶嵌于观赏空间之中，老人能够从周边的环境中听到流水的声音、闻到花草香、欣赏多彩的植物、喂养鱼虫飞鸟，通过听觉、嗅觉、视觉、触觉感受身边的"意境美"，享受生活的乐趣。

休息空间应便于到达，居住区出入口、建筑出入口、道路两旁都适宜为老人提供休息设施。此外，草坪、镂空的铺装对于腿脚不便的老人以及轮椅使用者有一定的阻碍，因此休息空间最好不要设置在草坪及镂空铺装地带。

休息空间应满足安全性，在选择位置时避免空旷无人的广场中央或尺度较大且无依靠物的空间，暴露在大尺度的场地中会使老人失去对空间的控制感，产生不安的情绪；空间的可防卫性能够满足老人安全感的需求，背靠墙体、柱子、大树、路灯的地带是最受老人欢迎的休息区域，老人能够不被打扰安心休息。

2.休息空间尺寸与形式

休息空间尺寸与形式应符合社交性原则，满足老年人心理需求。前文提到过老年人有孤独、怀旧等心理特征，需要周边环境为其提供安全感、领域感等不同的心理需求。根据老年人交往活动的特点，将休息空间分为积极型和消极型两种。积极型的设计形式适合关系亲密的老人群体使用，从平面方向上看，U 型、L 型作息空间等能够缩短老人之间的距离，降低老人因视听能力下降而带来的不便，方便彼此的交流；此类围合、半围合空间还可以增强私密感，为老人提供观察外部环境的视线。

另外，垂直面高度也影响了老人之间的交往积极性。当绿篱、墙体等垂直高度与腰同高时，能够使人产生一种围合感，并且保持着与周边空间的视觉连续性，休息空间可以使用一些低矮的绿植、隔板、墙体等构成天然的屏障，增加空间的私密性与领域感。消极型的设计形式比较适合一位或几位关系陌生的老人使用。例如单一线条构成的座椅或环状座椅适合老人静思冥想，避免被打扰或因面对面而坐产生不必要的尴尬情绪。

（三）健身空间

健身运动是老人户外活动的主要内容，居住区户外环境设计必须考虑到老人的健身锻炼空间。老人身体机能较弱，因而对室外健身场地和健身设施的要求与其他人群有所区别。

1. 健身场地

（1）健身场地布局及位置。居住区内的健身场所并不是完全独立的，它与交往空间、步行空间、观赏空间、休息空间相互渗透、相互融合的。健身空间布局可以分为集中和分散两种，一般情况下，广场、球场等场地多为集中布局的健身空间，绿地、花园、道路两旁、住宅出入口等地多为分散布局的健身空间，根据人流量的大小进行健身器材的布置。

集中布局的健身空间包括广场、球场等，适合进行广场舞、太极拳、扭秧歌、健身操、门球等活动，这类空间一般位于广场活动中心，占地面积较大，可供较多人数参与其中。一般来说，人流密度以1.0～1.2人每平方米为宜，人均占地面积0.7～1平方米。这种集中布局的健身空间一般容纳人数较多，且由于空间性质的关系，会产生噪声，因而这类活动场所应设置在离住宅较远的地方，避免打扰居民的生活起居。

分散布局的健身空间应根据人流量的多少进行布置，一般设置在路边、花园空地、喷泉附近等人们经常路过的地方，方便老人就近使用。一些行动不便的老人不可能经常远离自己的住所到集中布局的健身空间锻炼身体，最好的办法是在住宅附近安排适当的健身环境，保证老人锻炼身体的可能性。分散的健身空间布置应远离车行道，避免呼吸车辆排出的废气，保证老人的安全和健康。此外，健身设施与配套的服务设施健身空间应避免设置在长期受不到阳光照射的背阴面或高压电线下等存在安全隐患的消极空间中。

（2）健身场地附属设施配置。健身空间中须配备座椅、台阶以及能够遮阳避雨的廊架、绿荫等。大多数老人在锻炼后没有座椅可以休息；储物柜、饮水设施和户外插座也是不可少的。另外，居住区健身场地内应专门划出小块区域为宠物活动区，老人在锻炼身体时可以将宠物安置在宠物活动区，方便老人随时锻炼身体，也便于宠物粪便收集。

（3）健身场地辅助环境。健身空间应该安排在平缓无高差的地面上，防止老人被绊倒；健身器材应安排在嵌草或塑胶、沙土等防滑或性质较软、有弹性的地面而非直接建于水泥、瓷砖地上，让老人放心参与健身活动。健身空间应易于观察，避免视线被遮挡，保证受伤老人在第一时间得到救助；具备康复效果的辅助环境能促进老人健康，如塑胶慢跑步道、曲径健康步道可以增强身体的柔韧度，赤足养生步道、涉水步道可以促进血液循环，锻炼平衡能力等。

2. 健身设施

居住区内的健身设施应考虑老人的生理、行为特点，特别是对于行动上有障碍的老人，为他们提供适合的设施类型和材质。

（1）设施类型。首先，应针对身体不同部位布置健身设施，满足不同人群的使用目的，包括肌肉、平衡力、腰部、四肢、耐力等；其次，居住区健身设施应包括休闲类、娱乐类、技能类、体能类、康复类等多种类型，老人可根据自身的身体状况和兴趣选择不同性质、不同功能的健身器材；再次，"人看人"和"凑热闹"的心理是大多数人都有的行为习性，青年、儿童群体、老年群体使用的健身设施综合布局，使用人群的多样化及健身设施的丰富性能够调动老人参加健身活动的积极性；最后，易于操作的健身设施更适合老人使用。老年人学习能力和心理承受力较弱，一些自动化的操作界面对老人来说较为复杂，而机械化的操作界面不但易于操作，还可以增加老人锻炼的机会。

（2）材质。选用工艺严谨、外观圆润、材质适宜的健身设施有助于保证老人安全，提高使用率。例如，木质、塑胶等材料质感较软，传导性较弱，使用起来安全舒适；铁质的健身器材传导性较强，不宜在极端天气使用，铁质器材一般具有锋利的棱角，容易划伤老人。

（四）特色空间

1. 过渡空间

过渡空间就是承载着两个空间的载体，是两种不同性质的实体在彼此邻接时产生相互作用的一个特定的区域。过渡空间包括了居住区中常出现的建筑入口处、檐宇等。作为过渡空间，它既具有内部空间遮风避雨的功能，又与自然界相互渗透，满足人们亲近自然的需求。对于适应能力较差的老人来说，过渡空间能够提供一个从安静的、稳定的室内空间转换到一个较为热闹的外部空间的适应过程，使老人在过渡空间短暂停留以调整身心来适应环境的变化。

例如，很多老人由于眩光现象不宜突然暴露在阳光下，过渡空间可以使老人慢慢适应室外环境，达到缓冲效果；过渡空间还可以为腿脚不便的老人提供一个饮茶、休息、娱乐、聊天的环境。一些行动不便老人无法独立参与室外活动，靠近室内又带有遮蔽功能的过渡空间能够让老人不受极端天气的影响，在与同伴品茶畅聊中感受回归大自然的惬意与轻松。在居住区中可以适当地增长室内延伸至室外的檐宇尺寸以达到遮蔽的效果，满足老年人适应环境的要求。

2. 边缘空间

边缘空间指城市中沿立面的区域和相邻空间的过渡处或连接处。边缘空间通常较其他空间更受老年人青睐，因为老人好静且行动缓慢，不希望受到来往行人的打扰，边缘空间既满足了老人观看其他人的心理，又能够保证老人不受外来事物的侵扰。居住区中的建筑物凹处、门廊、柱子、灯柱、街角、树木、转角、雨篷、台阶、遮阳棚等地都是老人喜欢驻足的地方，作为城市户外空间中的支持物，既能够为老人提供可靠的防护，又具有良好的视野条件。边缘空间的丰富性与其他空间的活力息息相关，对于边缘空间的建设及支持物细节的设计应受到重视。居住区中的一些边缘空间应适当地增添休息、遮蔽设施并保证积极的管理和维护，保证空间充满活力。

3. 携孙活动空间

受中国传统文化观念影响，大部分老年人认为退休后在家照看孙子不但能够帮子女减轻生活重担，还可以享受承欢膝下的乐趣。为方便老人看护儿童，促进老人与儿童间的互动，在居住区景观设计中也需要不同程度地照顾到老年人与儿童共处的因素。

（1）携孙活动空间布局及位置。住宅单元门口、宅间庭院绿地、宅外道路、附近小游园、小区公园、儿童活动中心等都是老人与儿童共同使用的活动空间。老人与儿童都属于弱势群体，保证其安全和健康需求是十分必要的。较大的群体交往空间及大型的活动项目应避免安排在儿童与老人常使用的区域，清净、安全的环境利于人的身心健康；易于到达的地理位置有利于提高老人和儿童的参与频率，例如住宅单元门口、宅间庭院绿地、宅外道路应增添儿童设施，儿童活动中心也应分散布局于居住区的各个组团，不宜集中布置在中心区域。

（2）携孙活动空间附属设施配置。老人休息的需要常被很多居住区的儿童活动空间所忽视，老人与儿童长期共处的空间中应布置适量的桌椅供老人使用；一些人性化设施配备的增设也能为老人和儿童的使用增添便利性，如室外储物柜、室外饮水器、观看平台、按摩椅、轮椅停靠台、拐杖支架、应急救助设备等；居住区中科普性、人文性的设计不但有助于儿童早期对知识的获取，还可以促进祖孙间的互动。例如，树上可以挂科普性的牌子标明树种来源、相关传统文化故事，还可以设立园艺种植区让老人和孩子一同参与播种、施肥、采摘，学习干花工艺、果酱制作，使儿童在与长辈、与自然的互动中获得知识，捕捉乐趣。

（五）步行道路设计

步行系统是老年人最常使用的，步行对老人而言也是一种有效的健身方式。步行道路设计应照顾到老人与健康成年人的差距，保证老人的安全和舒适。老年人、轮椅使用者、拐杖使用者、健康人的步行特征有所不同，因而，从老年人的角度出发对步行系统的距离、路线、高差、铺装等方面进行分析，寻求适合老人的步行道路设计。

1. 步行距离

老人步行的距离较一般人来说短很多，老年人步行的时间极限为 10 分钟，步行距离大致为 450m，步行距离的设定应考虑老人的体力因素。在一段路程中增加阶段目标，可以每隔 100m 设置休息座椅或增添多样的小空间环境，沿路为老人提供可观赏的风景。曲折多变，松紧有序的效果会使老人感到步行距离较短且丰富生动。相反，如果道路平直简单，一目了然，没有任何休息设施或可观望的风景便会使老人觉得漫长且索然无味。

2. 路线设计

（1）路线设计形式。

弯曲：老人与健康人的行走特征有一定的差距，步行路线的设计需要尽量避免径直、悠长的道路。弯曲的道路能够相应地减缓风速，适宜老人活动；其次，弯曲道路视线多变，可以带来的一步一景的视觉效果，充满情趣。

洄游：步行路线设计中应多采用洄游的路径。老年人最常参与散步、聊天等一些无目的性的户外活动，断头路的设计不仅需要老人原路返回，还容易使老人迷失方向。洄游的路径设计可以为他们提供更多的选择，帮助老人节省体力，还可以沿路欣赏美景。对于一些健忘的老人，与住宅相接的洄游路线便于他们找到回家的路。

风雨连廊：老年人对环境的适应能力弱，烈日、强风、骤雨等突变的极端天气使外出的老人惊慌失措，容易在加快步伐赶回室内的过程中滑倒、绊倒。因此在居住区中可以设置上方有顶盖，两端或其中一端连接室内的风雨连廊，老人能够在突变的天气中安全到达室内。风雨连廊也是老人聊天、打牌、唱歌的好去处，顶棚的遮蔽功能可以防止老人眩晕，四周通透为老人提供了观景的良好视野。

（2）路线附属设施配置。老年人记忆力差，容易失去方向感，一些老年痴呆患者有认知障碍和记忆障碍，很容易找不到回家的路。道路的转折点应设有雕塑、假山石等明显的标志物，通过色彩、材质等变化提高识别力，增强空间的导向感；在步行路线中，可以为老人提供难度较大的可选择的路线，设置扶手、缓坡辅助老人行走，既能防止老人迷路，又可以帮助老人完成挑战性活动、锻炼身体、增强自信。

3. 高差变化的处理

老人平衡感较弱，高差变化较大的道路会影响他们的安全。从设计形式、材质及附属设施配置三方面分析了步行道路设计中符合老年人的高差变化设计。

（1）高差设计形式。

坡道：在居住区外环境中，为了满足丰富多样的景观环境，高差的存在是不可避免的。设计师在设计时尽量避免台阶的使用，采取较为平缓的坡道，坡道坡度尽量保持在 1∶20 的范围内；国际康复协会为使用拐杖和轮椅的人规定了坡道坡度，在 1∶12 的坡道上行驶到 750mm 高度时，水平行驶距离为 9000mm，需要休息。单行坡道最小宽度为 900mm，双行坡道需要能够容纳两辆轮椅的宽度，最小应为 1500mm。一些愿意尝试新鲜事物或具有挑战精神的老人比较喜欢具有高差的地段，设计者可以将较为平坦的道路与稍微具有高差的坡道相结合，满足多样性需求，让使用者能够根据自己的具体情况选择适合自己的路径。

台阶：对于老人来说，台阶坡度不宜过陡，每个踏步不高于15cm，踏面宽不小于30cm，加大踏面的宽度利于使用助步器的老人行走。通常，踏步高在13cm左右，踏面宽度在35cm左右的台阶攀登起来较为容易；受体力因素影响，平台之间的踏步数不宜超过10步，以便老人得到休息；每个踏步之间应易于辨识，保证安全，在变化处配置防滑条并利用鲜明的色彩加以提示；踏步的前缘缩进在2cm以下，避免绊倒老人。

（2）高差的材质。坡道、台阶的铺装材质要使用防滑、防水、不反光的材质且与平面道路铺装保持明显差异，例如经过拉毛处理的混凝土摩擦力大、易渗透，可以起到防滑、防水作用。

（3）高差的附属设施配置。

扶手：在具有高差变化的地形中，扶手是必不可少的。受身高和身体状况影响，扶手应设计为双层，方便轮椅使用者使用；扶手设计应当保持连续，不应在中途断开，防止反应慢的老人受伤；扶手两端的弯曲方向应选择向下或偏向建筑立面，以免钩住老人衣物。

隔栏：在具有高差变化的平台边缘应有一定安全度的隔栏，隔栏之间净空不大于110mm或设有防护玻璃保障老人安全；隔栏常与老人的皮肤接触，应经常擦洗，保持卫生。

电梯：为方便老人出行，设计中遇到高差较大的地段，也可以使用具备便捷与观景双重功能的电梯。

4. 铺装中需要注意的问题

（1）居住区主要道路铺装。对老年人来说，居住区主要道路铺装的安全性和导向性尤为重要。居住区道路铺装应具备良好的排水系统，采用防滑、防眩光的材质，让老人安全行走，例如沥青、混凝土板、透水性花砖等，避免大面积使用大理石、砂石、小料石。主要道路的铺装还应具备导盲功能，导盲铺装须连续无间断。另外，铺装应在安全统一的基础上有少许变化，不同肌理、纹路、质感的铺装能帮助老人识别空间，带给老人不一样的体验和心境。

（2）居住区园区小径铺装。良好的铺装效果能使老人在视觉、触觉上有舒适感，居住区景观环境的道路铺装可以有选择性地铺设具有足底按摩功效的鹅卵石，增添趣味性。另外，我国园林铺装文化有着悠久的历史，饱含深厚的文化底蕴。例如，我国传统民居中常用一些富有寓意的图案隐喻居者的愿望或喜好，民间传说、花草、人物、动物等有关吉祥如意、人丁兴旺的主题多样，有选择性地应用在居住区中能给住区环境带来温馨、祥和、喜悦的氛围，鼓舞老人的精神，丰富老人生活。对塑造小区形象和品位，营造城市精神文明氛围也有着积极的作用。

（六）绿植设计

植物具有多重功能，它对居住区景观的缔造起着至关重要的作用。在以往设计中，人们对植物的工程功能、建造功能、调节气候功能给予了很多关注，例如人们可以利用植物的工程功能防风、防火、减少噪声、控制污染，像西北地区多采用桉树、银合欢、杨树、甘草、沙枣树、小叶杨等植被防风固沙；再如人们可以利用植物不同的形态、功能，性质柔软的植物能够灵活地创造出丰富多样的空间形态；植物还可以用来调节湿度、温度改善微气候。

随着时代的进步，植物对人的益处逐渐被重视。植物的保健功能以及植物的精神文化越来越深入人心。对于老年人而言，植物可以在日常生活中作用于感官系统，促进老人的身心健康，还可以为老人提供优美、充满趣意和文化精神的生活环境。

1. 视觉方面的绿植设计

植物带给老人视觉上纷繁多变的感受是通过植物的色彩来表现的。环境中的色彩可以产生电磁波长，促进腺体分泌激素，影响人的身体与心理。每一种颜色都能够发挥不同的作用进而对老人的生理、心理产生影响，如红色能让老人心跳加速，促进老人的血液循环，橙色利于改善人体消化不良，蓝色能让人感到寒冷，使老人镇静，黄色能使老人觉得愉快。适当地使用植物色彩可以降压解暑、消减疲劳、抑制烦躁、调节情绪、改善老人身体机能。由于上文提到过老人的色彩辨别能力弱，对蓝色、褐色等冷色调的色彩敏感度弱，应多选用老人易接受的红色、黄色、橙色等色彩鲜亮的植物，使老人感受温暖、愉悦等积极向上的氛围，促进老人身心健康。

不同色彩的植物对人的身心有不同的调适作用，重视季节植物的搭配能够让高度依赖身边环境来与外界交流的老人在一年四季都看到不同色彩，感受到四季的变化，获取外界信息。除了观花的植物，观叶、观干、观果的植物也应适当配置，尤其在经常被人们忽略的冬季，观叶、观干植物也拥有不同的色彩、肌理、形状，是最能凸显季相特征的，通常能够让人眼前一亮，在落叶归根的季节里给老人勃勃生机的感受。

2. 听觉方面的绿植设计

声音是影响老人生活状态的一个重要因素，噪声污染会使老人头晕、耳鸣、恶心、呕吐，而优美、悦耳的听觉环境能够愉悦身心，抚平情绪，对患病的老人起辅助治疗效果。良好的居住环境要注重良好听觉氛围的创造，植物与风雨相互作用发出的声音或植物吸引来的动物发出的声音都是居住区中声景营造的重要来源。合理的植物搭配能够创造出优美的听觉环境，使老人心情愉悦。

（1）风雨与植物作用。在我国传统园林设计中，声景是造园的一部分。早在明末时期计成所作的《园冶》中便提到了"夜雨芭蕉"，雨打芭蕉、雨打荷叶带给人无尽的想象和美好的意境。我国苏州拙政园中设有"听雨轩""留听阁""听松风处"，承德避暑山庄有"万壑松风"。风声、雨声、落叶声无不成为我国古代文人所描写的绝佳内容和造园的绝妙手段。

老人在心理上很喜欢和自然植物亲近，风雨与植物相互作用产生悦耳动听的声音易使老人放松心情，感受大自然的变幻。沿用古人的优秀的设计手法，在设计时特别留意与自然中风雨撞击会产生动听声音的植被，将它们挑选出来，按照它们声音的大小、频率，控制种植的种类、数量、分布，使它们形成自然、动人的听觉效果，为老人的户外活动增添趣意。

声景植物须根据它声音的特征和老年人的需要应用在居住区不同的环境中。例如阔叶落叶植物叶片面积较大，容易与雨水撞击发声，也会因风吹过使叶片相互碰撞发声，这类植物适合种植在道路两旁、交往空间、健身空间中，可以使老人感受大自然生机勃勃的氛围；针叶植物因叶形为针状，叶面附有防水的油脂层，所以针叶植物大多是与风相互作用，在风吹过大面积的针叶林时发出如涛的声响，这类植物适合种植在住区道路两旁。正如清代佟国鼐所写"百尺松涛吹晚浪，几枝樟荫挂秋风"；一些叶片面积较大且厚硬的植物与风雨作用发出的声音较为明显，一两株植被与雨水撞击发出的声音便足以打破静寂，为老人创造闲适、安逸的气氛，可以挑选出来布置在休息空间、过渡空间、边缘空间中或作为门窗前的近景或布置在岸边，如芭蕉、荷叶等。

（2）动物与植物作用。从老年人的心理需求方面，对于许多虫草幽冥、莺歌燕舞的现象有着强烈的亲切感，所以在绿植的设计中，特别营造一些类似的环境，通过精心的植物配置，吸引蜂鸟鱼虫前来觅食，从而形成声源，为老人创造一个生机盎然的场景，使老人心情舒畅，增加与自然亲近的欲望。

动物选择栖息地的因素很多，包括阳光、水分、风向等，单就植物而言，一些芳香植被、蜜源植被、结果植物可以吸引虫鸟前来采食。通常，芬芳馥郁、蜜粉丰富的芳香植被及蜜源植被很受蜜蜂、蝴蝶等昆虫喜欢，如桂花、油菜花、紫云英、刺槐、枣花等。鸟类喜欢取食的植物不多，具有果核、浆果、梨果及球果等肉质果的植物较适合鸟类食用，如枇杷果柔软多汁，肉质细腻，成片的枇杷很容易吸引鸟类。

3. 嗅觉方面的绿植设计

居住区中良好的嗅觉环境能够让老人寄情于景，获得身心的放松，达到身、心、灵的平衡与统一，我们可以利用植物的芳香改善住区环境质量，调动老人参与的积极性。此外，每种保健性植物都有其特殊的功效，我们还可以利用植物香气的保健养生功能，通过花草分泌、散发出的物质刺激老人的神经，达到辅助治疗的效果。例如，桂花香能减轻头痛，唤起老人美好的回忆；丁香能够促进睡眠，使老人轻松愉悦。

通过芳香植物组合所构成的香景能带给人时间感，老人处于自然中，闻着各个季节的植物香气，能够感受时节的变化；香景还能给老人带来情感美和意境美，"一枝红艳露凝香，云雨巫山枉断肠""遥知不是雪，唯有暗香来"均描述了诗人寄情于景，情景交融的美。拙政园中的远香堂、荷风四面亭等均以气味来营造园林的意境，令人心驰神往；香景还有空间诱导作用，在居住区中，幽然的香气能够唤起老人的兴趣和对美好的向往，引发老人前往观看、了解的冲动。

现今，植物的保健功能已被应用在疗养院、医院等地并起到了可观的疗养效果。将有助于人体健康的保健性植物有选择性地引用在居住区景观设计中，有助于老人在日常生活起居中增强身体机能，调节精神状态。例如，居住区中可选择一小块园地设计为芳香植物园、保健植物区或在健康步道两侧种植玫瑰、菊花、桂花、梅花等能使人轻松、促进睡眠的保健型植物，方便老人参与使用。

4. 触觉方面的绿植设计

老人天性喜爱接近自然，触弄果蔬、接近草木，植物的质地、肌理、重量、温度可以被老人体表的游离神经末梢所感知，刺激神经，激发老人的生理反应，带给老人生命的活力和温馨的感觉。每种植物有自己特殊的触觉特征，有的植物叶片柔软、根茎光滑，有的植物叶片粗糙、根茎带刺，居住区可以为老人提供与植物亲密交流的媒介，例如设置种植池、种植器，增设特色园圃，开设蔬果酱及干花工艺制作课堂都能增加老人与植物的接触，满足老人与大自然亲近的需求。

（1）特色园圃。特色园圃能够为老人提供一个接触自然、锻炼身体的机会，使老人在种花、拔草、采摘蔬果的时候感受到植物的干湿、黏稠、软硬、轻重，在与自然、与人的互动中获得积极情绪。

在居住区内，特色园圃主要位于四种地点：私人的阳台或庭院中、特别设置的园圃区、小块园地、部分公用场地中。

私人阳台或庭院可以为部分老年人提供种植瓜果蔬菜的乐趣，老人可以在自己家种菜自己采摘享用；特别设置的园圃区指居住区内能够划出正式的园圃区并将其划成若干小块分给每位居民使用，可大大提高老人参与的积极性；小块园地可以设置在单元楼前，供单元住宅内的老人共同使用，老人可以互相学习种植经验，展现个人风采；部分公用场地指居住区中除主要景点以及景观设计规范规定限制以外不影响人们交通行为的公用场地，如廊架、田园小径两旁等。

（2）种植器。老年人腿脚不便，对种植器的设计要求与年轻人有所不同。老年人可以使用抬高种植池、吊篮、盆景、立体花墙等。其中抬高种植池高度应在750mm左右，老人不用弯腰便能打理植草；种植池下部应向内凹进一段距离，不少于480mm，以便乘坐轮椅的老人自由出入；种植池外轮廓应采用圆滑的曲线，避免棱角分明，保证老人安全使用。吊篮及立体花墙的高度应保证在老年人视线内，高度在1100～1500mm。为便于不同身高的老年人使用，可配置不同高度的吊篮及立体花墙。

（3）开设工艺课程。植物花、叶、根茎、果实的肌理、温度、湿度、软硬程度能给人不同的触感，通过开设蔬果酱、干花工艺等制作课程能够帮助老人在娱乐中增强对身边环境的认知能力。老人亲手做出的果干、果酱还可以为他们的餐桌增添新的菜色，减少蔬菜的开支。工艺品是老人的劳动成果，无论当作挂饰还是拿去卖钱都能够给他们带来成就感，满足自我实现需求。

5. 传统文化在绿植设计方面的体现

中国的传统文化淋漓尽致地融入生活的方方面面，植物更是如此，无论是寓意、风水还是神话、民俗都描述着相关的故事，传递着传统文化精神。例如在传统寓意中，竹子纤细柔美、长青不败，象征青春不老、长寿幸福。植物的搭配应将居住区的文化特色考虑在内，现在的老年人对于精神文化的追求逐渐提高，对于植物的寓意、植物的风水、植物的文化内涵、植物历史故事和精神传递有着独到的见解和讲究。植物的配置是决定老人与环境融入程度的关键因素，良好的植物搭配能够满足老人的精神文化诉求，调动老年人的生活情趣，调节老人的心情。

（七）公共设施设计

1. 室外座椅

居住区的座椅对老人而言是必不可少的，室外座椅的设计直接影响到老人参加室外活动的频率和时长。如果室外没有舒适的座椅供身体疲惫的老人休息，老人便想回到室内环境中区。因此对老人而言，座椅的舒适性和安全性非常重要。

（1）座椅尺寸。座椅的尺寸要充分符合老人的需求，考虑老人的行为特点，老人使用的座椅靠背高度比一般的座椅要高；椅座的高度在 450 ~ 550mm 比较适合，因为老人腿部不能像年轻人一样弯曲自如；坐面宽度较一般座椅更宽些，但不宜过宽，应在 360 ~ 450mm 范围内；椅子应配备较为牢固的扶手，在椅面上 150mm 左右的位置。

（2）座椅材质。座椅材质应尽量选用经过防腐处理的木质材料，冬暖夏凉又利于维护。混凝土、石制及钢铁材质的座椅传导性强，表面温度受气温影响大，夏季炙热难触，冬季冰冷刺骨，不适宜老人使用；椅子的背部和扶手应该比较坚固，能够给老人背部和肘部以支撑，老人由于肌肉的减少，不能够自如地弯曲，需要借助椅子的扶手支撑起身；由于老人皮下脂肪组织较少，不能够分散身体的重量，座椅最好采用较软材质或铺设坐垫。

（3）座椅形式。有条形座椅、单人座椅、组团座椅。

条形座椅：面对老人不同的需求，座椅的形式也应多样化。2 ~ 4 人使用的条形座椅为最常见的，此类座椅可以设置于边缘空间，背靠实体建筑物或植物群落，满足老人的安全需求，老人可以静坐冥想也可以躺下小憩。此类座椅还可以满足多人使用的要求，既方便熟人之间交流，又可以避免陌生人之间的尴尬。

单人座椅：单人座椅的设置也很有必要，很多老人喜欢单独在室外闲坐、冥想。在洛杉矶一座高层住宅中最受欢迎的座位是一个可单独享有的座椅，那个座椅处于一条主要的步行道半途中，背靠建筑，可遍览周边的城镇，那个座椅非常受人欢迎，以至于坐在旁边的人都要等到坐在上面的人离去，再移坐过去。

组团座椅：组团座椅适合于 2 人以上的老年群体交流活动。老人的视觉能力较弱，组团座椅衔接处的距离应该设置较近些，老人可以通过别的知觉弥补视觉缺陷，增大信息量；组团座椅的设置也须考虑轮椅使用者，座椅旁应留出 950 ~ 1250mm 的宽度，便于轮椅使用者的交流与行动。

2. 标识设计

做工精美、材质考究、识别性高、整体统一并具备一定艺术文化特色的标识系统不仅能够给老人一个清晰安全的引导，让老人得到高雅的情趣享受，它更是一个城市居住环境的精神文化体现，能够直接彰显居住区环境的档次和品位。

（1）整体统一。居住环境的标识系统应该是整体统一的，无论是字体风格、色彩色调，还是材质纹理、形状样式，都应该保持统一化和整体化。尤其是老年人记忆力衰退，对新的事物难以形成概念，统一整体的标识系统有助于老人留下印象，形成记忆，对找路、定位有积极的辅助作用。

（2）易识别。老人受视觉能力的限制，识别能力弱，所以居住区的识别系统要简洁得体，例如识别牌要设置在醒目的位置，牌位的高度要适中，特别要考虑轮椅使用者的需求；由于汉字的笔画数较多，笔画间空隙少，10画以上的汉字识别度明显低于1～9画的字。所以标识牌的字体设计要考虑老人视力情况，使用笔画数较少的汉字或适当放大字体以满足老人便利使用的目的。另外，标识的识别性还与色彩对比度及色彩的亮度有关，图文与背景色彩对比越鲜明，图文的亮度越高，标识的识别度越高；图标设计应简洁易懂，最好设置有凹凸感的盲文供特殊人群使用方便。

（3）符合国标。居住区户外标识系统必须符合国家标准规范，使用规定的字体和字号，图标和色彩也必须按照国家的标准设计。安全标识的文字字体均为黑体字；文字辅助标志的基本形式规定为矩形框；禁止标志、指令标志的图文均采用黑、红色搭配等。

（4）安全。居住区内的标识牌和提示牌应设置在相对安全的位置，避免占用车行道、人行道影响交通。还应注意避免设置在道路拐弯处，容易造成盲区，引发交通事故。标识牌本身的设计要考虑造型结构，锋利的边角容易划伤人。老年人经常有眩光的现象，应选择便于老人使用的耐久性无反光材质便于老人使用。

（5）精美。居住区内的标识系统是人们认识这个小区、了解这个小区环境最直接的媒介，设计时不但要考虑安全和易识别性，在艺术表现方面也要精美大方。好的标识设计能够利用造型、色彩、材质对人的精神的产生积极影响。调整好图案与色彩的比例关系，协调好颜色的明度和亮度，选择质地、纹理适宜的材质，为使用者创造一种轻松、愉悦的感受，为精神文化和审美情趣日益提高的老年人提供一个满意的视觉享受。

（6）独具特色。标识系统的形象设计也应该是独具特色的。独特性的标识系统能够加深人的印象，给人眼前一亮的感觉，能够增添居住区的独特魅力。

3. 照明设计

（1）照明位置。建筑出入口、步行道边等应该采用适宜的照明并保持照明的持续性，保证老人出行安全；一些具有高差变化的位置，例如坡道、台阶、花池延边、喷泉池边、路缘石等位置应根据环境的差异安置不同高度、亮度的照明设备；一些建筑边缘或场地的边界地带经常忽略了照明设计，这些消极空间应该选用成本低、照明效果好的灯具并保证照明的持续性，避免老人因看不清路而发生意外；照明设施具有引导功能，汀步、林间小径、健康步道等路径可以配置草坪灯、庭院灯、地灯等设备发挥照明的引导性作用，方便老人辨别方向。

（2）照明照度。老年人由于视觉能力退化，对光照水平的要求高出年轻人2～3倍，提高照明设施的亮度或增加照明设备的数量有助于刺激老年人的视觉神经，提高可见度。照度大的照明设备虽能够提高可见度，但也有可能造成老人眩晕，通过添加遮挡物或改变照明方向可以避免直接光源对老年人视觉的刺激，减少眩晕发生。例如，增添不透明或半透明的灯罩；利用植物、小品等遮挡直射光线；转变照明方向，使光线向下或向建筑沿面等。

（3）照明色彩。要容易识别，老年人对色彩的辨识能力下降，相对于黄色、橙色、红色而言，蓝色、绿色的光源更不容易被看见。在照明中避免大面积使用蓝绿色的光源，对于需要警示性的地带应采用红、黄等容易辨识的色彩。情感，灯光常通过色彩来渲染气氛，增强人对周边环境的感受。例如，灯光色彩具有温度感，红色、黄色的灯光让老人有温暖的感觉，绿色、紫色、蓝色的灯光让老人有清凉的感觉，可以根据季节、温度、湿度的变化来改变灯光的色彩，从细节处为老人提供舒适环境；灯光的色彩可以调动人的情趣，暖色使人感到兴奋、愉悦，冷色使人感到沉静、优雅，住区景观可以利用缤纷的色彩调动气氛，提高老人参与户外活动的兴趣。

4. 艺术小品设计

艺术小品包括喷泉、景墙、雕塑、花坛、水池等，是构成空间环境的一部分，也是能够赋予一个地域生机和灵魂的点睛之笔，反映此时此地精神面貌和文化诉求。下面从尺度、题材等方面分析适合老年人的艺术小品设计。

（1）尺度。对老人而言，小尺度艺术小品比较容易控制和掌握，使人产生亲切感。住区中应适当增加小尺度艺术小品的数量提高老人参与度，活跃气氛。

（2）题材。艺术小品题材应该生动有趣、贴近老人的生活，具有互动性。好的景观小品能够吸引人的眼球，激发老人的兴趣和共鸣，为老人聊天提供丰富的话题点，传递给老人积极的精神力量。例如北京怡海花园中的垂钓雕塑、下棋雕塑、哺育雕塑、健身雕塑都是贴近老人日常生活的题材，具有故事情节感，能够引起老人的回忆，引发老人之间的话题。

（3）其他。艺术小品的色彩、造型、材质、风格应该与周边环境相融合，体现当地的风土人情、文化信仰和精神向往；艺术小品须特别注意季节的变化、地域的特点和昼夜的变化等，很多小品一般与光照、温度、绿植相结合在不同的时节、不同的气候条件下产生绚丽多彩的变化。例如北方干燥少雨，适合在枯水期采用旱喷，既可以使局部区域清凉舒爽，又能节水环保。

艺术小品能够刺激老人的感官，从嗅觉、视觉、听觉、触觉、行为等方面为老人营造温馨、自然、舒适、健康的氛围。例如音乐喷泉、日本的声景艺术"水琴窟"、迈阿密的吸音墙等。

第二节　城市公共空间适老化环境建设——以重庆为例

一、重庆城市社区公共空间环境发展的自然、文化背景

（一）重庆自然环境背景

任何一种自然空间的划分实质上都可解读为一种文化现象，历史疆域形成与发展的延续性、地理气候环境及其衍生物的同质性，以及与之相适应的人的生产与生活方式、民族关系、文化等在时间、空间、人的综合作用下，形成了独具特色的地域文化，并直接影响着空间环境的组织与设计。

1. 地理区划范围

重庆历史悠久，具有3000多年的历史，早在旧石器时代末期，就已有人类生活在重庆地区；而在公元前11世纪的西周，武王"封宗姬于巴"，建立巴国，首府设在江州（今重庆）公元前316年，秦

灭巴国，设巴郡，以江州为郡治所，并开始了第一次筑城；其后，秦汉时期的历代均以重庆为中心设置郡、州、路、道、府等行政机构。从地理范围上看，不同的历史时期地理范围也有所不同。春秋战国时代，重庆的地理范围一般被划定在四川涪江以东、大巴山以南、三峡以西、贵州大娄山以北的区域，但秦以后，以重庆为中心的地域文化圈无论是在地理范围或是在地理特征上均未有很大的改变，一般将大巴山以南、嘉陵江与峡江流域范围内，以巴民族为代表创造的区域性古代文明区域作为重庆地域文化的区域。

2. 地形地貌特点

从地貌上看，重庆地处我国自西向东三大阶梯中的第二级阶梯，四川盆地东南侧，北部和东南部分别靠大巴山、武陵山，西北部和中部则以丘陵、低山为主，地势南北高、中间低，以山地、丘陵为主，是典型的山地城市，其地理、地貌、气候等自然条件具有中国东西、南北过渡性与交接性特点，在重庆市域范围内存在着多个构造体系，包括新华夏构造体系的渝东南鄂湘黔褶带、渝西川中褶带、渝中川东褶带、渝南川黔南北构造带和渝东北大巴山弧形褶皱断裂带等。

从地形上看，重庆地势起伏较大，全市最低点和最高点的相对高差达 2723.9m；地貌以山地、丘陵为主，山地面积占辖区面积的 75.8%，丘陵面积占 18.2%，平地和平坝仅占 3.6% 和 2.4%，从地形坡度上看，地形坡度 > 35°的土地占土地面积的 7% 左右，而坡度 < 25°的土地面积则占了将近 80%；重庆的喀斯特地貌分布广泛，分布有溶洞、峡谷、暗河等喀斯特景观；重庆区域内河流丰富，有长江、嘉陵江、乌江、大宁河等河流，并形成了河谷。

3. 气候特点

从气候上看，重庆地区属于典型的夏热冬冷地区，亚热带季风湿润气候，其特点是夏季炎热多伏旱，秋季阴雨绵绵，冬季湿寒，全年云雾多。年平均气温在 18℃ 左右，冬季湿寒，最冷月是 1 月，平均气温在 6～8℃ 之间，隆冬季节极端低温可达 -1.8℃；夏季则酷热多伏旱，7、8 月为最热月，气温高于 35℃ 的酷热天数达 15～25 天，最热月极端温度可达 43℃；重庆的气候还具有云雾多、日照少的特点，年平均阴天日数为 216 天，尤其是春秋季节，平均每月阴天日数在 20 天左右，年平均晴天数仅为 20 天，是我国日照最少的城市之一，年均日照时仅为 1259.5 小时，除 7、8 月外的其他月份，日照仅在 150 小时以下，尤其在 12 月，重庆平均日照时数只有 33.9 小时，占可照时数的 11%；重庆气候湿润，降水主要分布在夏秋两季，夏季降水量占 41%，秋季降水占 35%，年均雨日数（日降水量 0.1mm）为 152.4 天，秋季最多，为 40～50 天。

（二）重庆文化的历史发展与地理格局

从文化的起源看，中国文化可被分为秦陇文化、中原文化、晋文化、巴蜀文化、燕赵文化、齐鲁文化、荆楚文化、闽台文化、吴越文化、岭南文化 10 种地域文化类型。一般来说，巴文化被认为是重庆文化的源流，也被认为是以四川盆地为中心发源的巴蜀文化的重要组成，与蜀文化有着密切联系，是两大各自平行发展起来、具有自身风格并自成体系的文化。

1. 重庆文化的历史发展

从巴文化发展的历史发展看，可被分为原始文化、古代文化、近代文化和现代文化等发展时期。

早在旧石器时代，后世的原四川地区便已形成了相对独立的大渡河流域富林文化区、岷江流域的成都羊子山遗址文化区、沱江流域的资阳鲤鱼桥遗址文化区、涪江流域的铜梁文化区。其中，铜梁文化区即处在后世的重庆地区。而近年来考古发掘的丰都高家镇、烟墩堡遗址则将重庆地区的旧石器文化向前推进了 5 万～10 万年，夏商周时期，四川盆地逐渐形成了蜀国与巴国两大文化区，秦灭巴蜀后，分别设置了蜀郡和巴郡，巴文化以设置政区的形式得以流传并发展。

春秋战国至西汉时期，四川地区形成了川西蜀文化区、川东巴文化区、川南原始文化区三个独立的文化区，而川西蜀文化由于与陕西接壤，受秦陇文化影响明显，而巴楚接壤，巴文化则受到荆楚文化影响较多；三国时期，虽然巴渝地区被分设为巴郡（今重庆市渝中区）、巴西郡（今阆中）、巴东郡（今奉节），但并未形成独立的文化；直至宋代，巴渝地区一直保持着其文化独立性，并未出现相对独立的文化区；元明清时期的战争导致了两次大的移民，即历史上的"湖广填四川"高潮，巴文化开始逐渐受到儒家文化的影响，并加速了转化；清代荆襄移民的进入使得川东、川北地区形成了相对独立的川东北文化区。

近代社会，随着1891年重庆开埠与战争的影响，重庆的文化格局又发生了改变，主要表现在西方文化随着重庆开埠一同被引入，并在较短的时间内在重庆建立起"传播西方文化的体系"，战争则使得重庆聚集了国内大量的人才，促进了重庆文化全面而系统的发展，在教育、艺术、城市建设、科技等领域均有长足的发展。而随着改革开放和中央政府在重庆设置全国第四个直辖市，重庆文化迎来了新的发展契机，新的思想、生活方式与艺术形式不断涌入，立足自身文化特征、传承并发展地域文化增强文化自信则成为当代重庆文化发展的典型特征。

2.重庆文化的地理格局

一般来说，一个独立的文化区通常是在一个相对稳定的地理空间范围之内，并遵循一定的原则。研究认为，重庆文化形成了滨水文化和山地文化两大体系。从重庆的地理特点来看，长江和嘉陵江经由多条东北—西南走向的背斜山地形成了冲击坝地，也就造成了城镇的选址多以这些河谷地带为依托展开，形成了滨水文化；而由于重庆山地地形可供耕种的土地较少，自然条件恶劣，在山地区域往往聚集了以氏族为中心的聚落，以原始耕种和狩猎为生活方式，形成了山地文化。

除地理特点之外，沿经济贸易往来的路线往往也会形成重要的地方性文化生成空间。在重庆地区，盐巴与丹砂是当时极为重要的生产与生活物资，为方便盐巴与丹砂的运输、便利生产生活，通过盐巴与丹砂的外运形成了以清江—乌江—长江—嘉陵江为核心的巴文化与中原文化、荆楚文化等其文化进行交流的经济走廊（盐丹走廊），这一走廊不仅囊括了当时巴国的五个都城及主要城市，也包括了盐巴与丹砂的主要产地，成为巴文化拓展的主要路线，也是巴文化与外来文化交融最为频繁和彻底的地区。沿着盐丹走廊的河谷，形成了与中原文化、荆楚文化交往频繁、具有开放包容特点的城镇滨水文化，而在盐丹走廊未涉及的区域，则由于山地的地理、地形作用，外来文化对遗存的巴文化冲击较少，形成了独具特色但相对封闭、稳定的山地少数民族文化。

（三）重庆地域文化的基本特点

1.封闭保守与包容开放并存

从历史发展的角度看，由于重庆地处中国西南褶皱地带，交通相对不便，并远离西安、南京、洛阳、北京等国家政治中心。任何新的思潮、生活方式传入重庆需要经过相对较长的时间，并在这一漫长时期中不断与重庆当地文化融合。虽然受到中原文化、荆楚文化的影响，但由于地理、环境、气候等条件的影响，依然与中原文化的差异性很大，语言、风俗、习惯等方面依然保持着自身的特色，这也使得巴渝文化得以独立发展并自成体系。

受地理条件影响，重庆地区的生产方式有渔猎、水稻种植等多种形式。在远离河谷的山地区域，依然存在着以氏族为基础的少数民族族群与聚落，这些聚落在长期的分离中，形成了相对稳定且独立的自我中心，最终发展成以空间单位为基础、语言、风俗等互不相同的文化类型。山地条件客观上造成了重庆地区内各民族、重庆地区与外部世界的割据状态，形成了相对保守封闭的"小国寡民"的生活状态，没有以劳动协作为动力形成一个稳定的政治共同体并服从一个政治中心的经济基础。因此，不存在造成统一政治组织的地理条件，难以形成高度趋同并统一的文化，使得重庆文化在总体上具有相对保守封闭、多元稳定的特点。

此外，盐丹走廊的存在、历史上两次"湖广填四川"移民事件、在重庆设置行政中心等又不断促进着巴渝文化向中原文化和荆楚文化融合、转化；近代历史上由于重庆开埠和战争等，重庆文化加速了对外融合与包容的进程，受战争影响，近代重庆聚集了大量的国内精英人士，经济、教育、艺术等一时间均有较大的发展；当代重庆设置直辖市，也为重庆文化的包容与开放提供了契机。

2. 重视民间文化与日常文化

由于自然条件恶劣，古代巴人承受着较为繁重的生活压力，且早期的居民是以渔猎为生的山地民族，加之战乱影响，原始的图腾信仰也逐渐在历史长河中淡化，被生产、生活的日常性所取代，使得巴人普遍重武轻文，发展出以谋生、自卫为基础的务实精神和民间文化；在明清资本主义萌芽时期，依赖水运码头进行商业交换，滋生出根植于民间的码头文化，火锅、川江号子等正是重庆码头文化的真实写照。

此外，沿河谷而生的城市以水运为依托，发展出较为兴旺的地区商业，商业的繁盛也促进了居民对世俗生活的重视，促进形成了以商业为依托的市民文化；由于远离国家政治中心，在教化的传播上，儒释道在文化构成中无主次之分，佛教在传播过程中也逐渐与本地区的日常生活融为一体。例如，在大足石刻的造像中，以"孝"为主题的造像构成了全国最大的以"孝"为主题的雕塑群，儒释道的教义、内容与日常生活场景相互混杂，与中原文化以礼制和儒学为中心的文化与教化体系明显不同，使得重庆文化的特点在于重世俗和日常生活的民间文化而非正统的官式文化。

3. 因地制宜、和谐环境的文化形态

受地形影响，重庆的文化形式具有因地制宜、不拘一格的特点，还滋生出与自然环境相和谐的朴素的文化观。无论是造城或是筑屋，均能够从地形和具体情况出发，不拘泥于礼制要求，塑造出因地制宜、不拘一格的文化形态。例如，在滨水河谷地带，往往沿河布置各类与生产、生活相关的设施；而在山地地带，则灵活根据地形高差，采取底层架空、悬挑等方式进行建筑设计。

4. 经济发展、收入水平有限的平民文化

作为新兴的直辖市，近年来重庆经济发展增幅迅速，GDP 增速位于全国前列，然而由于基础差、城市化水平低等现实条件限制，重庆的经济发展尚处在较低水平。从三次产业结构的比较来看，在经济结构中，工业和农业尚占有相当比重，而在北京、上海等城市，第三产业则成为经济发展的主要构成与原动力。从居民的收入水平看，重庆城镇人均可支配收入也要远低于北京、上海、天津三个直辖市。经济发展水平与人均收入的限制，使得重庆在文化上更倾向于"平民文化"的营造，市民更倾向于选择经济实惠的商业文化场所，而在高端的"精英文化"场所的塑造上尚有缺乏。

二、当代重庆城市社区公共空间环境的空间特点

地形、文化的地域性导致了重庆城市空间环境具有地域性特点。重庆城市空间的地域特征可以概括为实地性、实时性、城乡差距性与群体民俗性四个基本特征。实地性是指城市空间的生成、特征与自然地理环境密不可分；实时性指城市空间环境在不同的历史阶段具有不同的表现形成，研究应在分析其文化共性的基础上展开；城乡差距性是指地理条件限制下，城市与乡村、河谷与山地表现出较大差异；群体民俗性则是指重庆传统城市空间与中原城市空间在类型上有较大差异。这些特征体现出重庆空间环境与建筑的多样化、民俗化等地域特征，与重庆文化特点紧密关联。

结合当代重庆城市建设状况、重庆自然及文化背景进行分析，当代重庆城市社区公共空间环境具有

如下特点:

(一)用地的紧凑性与多功能混合

山地地形条件和当代城市化进程的发展,使得重庆城市空间环境具有紧凑性的特点,主要表现在可建用地有限、开发强度较大、建筑密度较高,而城市中大量的山体存在也促进重庆的城市空间形成了"大山水"的格局,然而从社区层面上说,这种规划模式也使得社区中户外开敞空间环境的面积、数量、分布等受到山地地形的制约。用地的紧凑性又使得在功能的划分上难以严格遵循"功能分区"的理念,形成了多功能混合的功能格局。

第一,可建用地有限、建筑密度与开发强度较高。受山地地形影响,重庆的可建用地面积仅为城市面积的7%,主城六区的开发强度高达48%,聚集区人口密度高达6万/km²,开发强度和建筑密度位居世界前列。

第二,社区户外开敞空间具有小型化、分散化、可达性差的特点。整体看,受山地地形影响,重庆城市中存在着大量的山体与水体可作为城市开敞空间存在,使得重庆的城市具有大山水的空间格局,依山傍水,形成了各类公园、大型绿地等户外开敞空间;然而,将视野聚焦在人们的步行范围之内,即社区层面,户外开敞空间则由于地形坡度大、用地稀缺等条件限制,使得其具有小型化、分散化的特点,且数量严重不足,多以社区广场、宅间绿地为主,缺乏社区层面上步行可达的大中型公园及绿地,而通过山体整治形成的各类公园则由于地形限制,使得其步行可达性不足。

以沙坪坝区为例,共有平顶山文化公园、沙坪公园、歌乐山山体公园、凤鸣山绿壁公园等大中型的公园及绿地,这些公园绿地多是在现有山体的基础上进行开发或整治,形成城市开敞空间,仅从直线距离上判断,这些开敞空间的服务半径能够覆盖其周边的多数社区,然而受地形影响,这些公园绿地由于可达性较差使得其并不能成为老年人日常活动的主要场所。例如,到达平顶山文化公园需要经过复杂的小龙坎立交,到达绿壁公园也需要经过凤天路立交,歌乐山森林公园则位于城乡接合部,沙坪公园虽位于城市核心地带,但复杂的城市交通、较多的天桥地道、狭窄且匮乏的人行道使得沙坪公园的步行可达性不够理想。且由于公园多是通过既有山体的改造而成,其本身的无障碍设计也存在一定问题。

第三,多功能混合的功能格局从空间组织方式上看,用地的紧凑和限制使得各区域之间的交通联系较弱,难以形成严格的功能分区,只能在有限的用地范围内实施多功能混合,来提高用地效率、减少交通压力。这样的地形条件促进重庆城市的空间组织形成了多功能混合的模式。例如,当前重庆各个区均有自己的中心区,在各区中解决了居住、工作、休闲等功能。对社区空间而言,在有限的用地范围内则综合设置了居住、商业、休闲、日常活动等多重功能。

(二)利用街道形成多层次的活动场所

第一,以街道为中心平行等高线的空间组织受地形影响,重庆的街道与建筑通常平行于等高线或与等高线所成的角度较小来布置以减少开挖难度和土方量,在这一布局模式下,建筑的出入口、主采光面等通常位于建筑的面宽方向且紧密围绕街道,而在进深方向,则利用天井、庭院、梯道等联系不同的标高。这一组织方式的目的在于减少对土地的挖填方,更好地顺应地形。在这一模式下,围绕街道,往往形成了各类充满活力的商业及活动空间以满足人流与货物的集散,而垂直于街道的梯道由于商业氛围减弱,成为居民日常活动的场所。

第二,围绕街道形成多层次、密集化的活动场所。受用地紧凑、地形复杂等条件的限制,重庆形成了以街道为中心的空间组织模式,高差又使得位于不同区域的公共活动场所可达性较差,这些客观条件促进了街道生活的产生,人们依托街道,展开了功能丰富、形式多样的密集化的日常活动,使得街道成为人们日常生活中最重要的活动场所。一般来说，围绕街道通常形成了两个层面的活动空间，一类是沿建筑底层和街道形成主要的日常活动场所，另一类则是垂直于街道形成立体化的活动空间。

沿住宅底层设置多层次的活动空间。街道建筑的空间组织方式促进形成了丰富的街道生活，住宅底层往往面向街道开放，设置沿街商铺及各类活动场所。而受住宅尺度影响，这些底层的活动场所往往与住宅开间保持一致，形成了开间较小且分布密集的小型超市、餐饮店、理发店、棋牌室等商业及活动空间，分布的密集使得人的活动也更为多样化；受地形影响，住宅的底层往往采用平接、架空、下沉、抬升等多重方式，形成了实体空间与开敞空间相结合、阴角空间与街道空间相结合的不同空间层次，极大地丰富了街道生活。

垂直于街道形成立体化的活动场所。在垂直于街道方向，由于商业氛围减弱，往往结合梯道设置各类活动平台，拓展了居民日常活动的维度，成为社区中居民户外活动的主要空间。

在这些多层次活动场所的双重作用下，重庆社区日常活动场所具有了密集分布的特点，从而引发了密集化的日常活动。

（三）社区公共空间立体化的空间形态

受地形影响，社区空间形态呈现出立体化发展的特点。随着建造技术的进步、生活方式的改变，人们对地形的处理方式更为多样化。对当代重庆城市而言，除了以街道为中心平行等高线进行布局之外，还利用当代的填挖与架空技术对地形进行处理，形成了多样化的空间组织模式，社区公共空间环境立体化的空间形态主要表现在以下方面：

第一，利用建筑屋顶平台组织空间形成活动场所。在当代社区的建设中，从地形高差出发设置建筑，并利用建筑屋顶为水平基面，适当抬升或与城市道路平接来进行空间组织，这在近年来的社区设计中尤为普遍，更好地解决了当代生活中复杂的机动车交通、停车、大型商业、广场等开敞空间等问题，柑子村社区、凤天路社区等当代社区多采用了这一空间组织模式，结合地形，设置车库或大型超市，并在其屋顶上设置各类开敞空间。

第二，利用立体交通组织空间形成活动场所。受当代建造技术影响，人们对山地空间的组织方式往往利用筑台、架空等方式进行，并通过楼梯、电梯等建筑交通体连通了不同层面的活动场所。

第三，形成立体"圈层式"街道空间模式提供多层次的活动场所。受地形影响，重庆城市的建筑多围绕街道进行布局，而在地形坡度大的地段，街道也往往平行于等高线设置以减少开挖量，沿着不同标高的街道，形成了立体的"圈层式"活动场所。

三、重庆城市社区适老公共空间环境的发展特点

对重庆城市社区适老公共空间环境而言，城市空间的发展应结合当地具体情况和使用者的活动及需求特征形成其独有的发展模式。

（一）适老公共空间环境结构的紧凑性

从城市空间层面看，重庆的城市空间本身就具备紧凑性的特点，以可建用地有限、建筑密度高、功能复合、空间形态的立体化分布、密集化发展为特征，这些特征与重庆的地形地貌有紧密联系。从老年人日常活动的层面看，重庆老年人的日常活动内容具有复合性、连续性的特点，活动场所也多选择社区街道和社区广场等具有复合功能的小型场所，活动时间则具有全时性与全季节的特点，活动的紧凑性与重庆社区空间以街道为中心的组织模式、功能复合程度高、空间紧凑度高的空间特点有一定的同构关系。

因此，从地形、地貌、气候等条件，城市空间发展特征和老年人日常活动的紧凑性出发，重庆城市

社区适老公共空间环境的发展既应符合重庆城市空间发展特点，又应适应重庆老年人的日常活动，即具有紧凑性的特征，主要体现在以下方面：

第一，形成紧凑性的步行空间系统。从重庆老年群体的日常活动看，步行既是其日常出行的主要通行方式，同时又是他们生活中最重要的康体和休闲活动方式，借由步行，老年人交替完成了康体健身、休闲娱乐、照顾孙辈等多重活动。从重庆地形特征上看，地形坡度大加大了不同场所之间联系的难度，而步行由于其机动性好、通达性强，往往是重庆社区空间环境中最基本也最为重要的交通组织方式。从重庆社区的空间组织特点看，复合的功能布局与以街道为中心的空间组织模式，使得老年人能够在有限的活动范围内从事更多的活动，且活动的灵活性与随机性更强。这些特征，使得重庆城市社区适老公共空间环境能够形成紧凑性的步行空间系统，这一空间系统以老年人步行为联系，并根据不同老化程度、健康状况和生活特点、老年人的具体生活及活动特点和空间需求进行灵活组织空间结构与功能。

第二，各空间场所之间具有邻近性和步行可达性。由于重庆地处山地，较大的地形坡度往往给老年人的出行带来了一定影响，而较低的经济发展水平、可建用地有限的现实条件，使得重庆的城市建设存在一定困难，尤其难以保证无障碍设计的全面实施。对重庆城市社区适老公共空间环境而言，应从老年人使用频率高、需求程度高的功能场所出发，加强这些空间场所的邻近性与步行可达性，还应重视这些场所与老年人住宅之间的邻近性与步行可达性，确保老年人日常活动的正常展开，并激发更多有利于身心健康的活动产生。

第三，应增强空间场所的分布密度并促进立体化使用。重庆社区空间环境本身具有紧凑性的特征，结合老年人日常活动特征的多样性、层次性与紧凑性特点看，与老年人日常活动与空间需求相关的空间场所也应密集、紧凑分布于社区之中。这些活动场所应以不同老化程度、不同健康状况和不同生活状态老年人的日常活动与空间需求为基础，增加其在社区中的分布密度和数量，并顺应地形，促进其立体化分布，从而达到激发老年人更多活动产生的目的。

（二）适老公共空间环境功能的复合化

从重庆城市空间特点看，较大的地形坡度和可建用地的匮乏使得重庆城市空间为避免交通压力过大，形成了多功能混合的功能布局特征。结合重庆老年群体的构成和空间需求特征看，不同老化程度、健康状况和生活特点的老年人对空间需求具有多样化的特点；从适老的"适应性"和"共享性"要求来看，社区适老公共空间环境理应满足具有多样化特点的老年群体内部所共享，并且能够兼顾具有类似健康特征和生活特点的非老年群体所共享。因此重庆城市社区适老公共空间环境在功能上应具备功能复合化的发展特征。

1. 促进多功能混合

首先，从宏观上看，由于老龄化发展程度不同，老年人口的分布密度、构成情况、地区聚集程度等也不尽相同，且这种发展往往是随着人口的发展、城市建设的推进等种种因素影响下动态演进的过程，例如，随着经济的发展、人口流动和开放的持续扩大，空巢老人、异地养老老人的数量有所增长，面向老年人出售的各类老年社区也会随着时间的推移，居民向"高龄化"方向转变，这也就导致了社区适老公共空间的功能具有一定的"动态性"，并促进多功能混合，以适应人口的变化、增强适老公共空间环境的适应性与共享性。

其次，从微观层次上看，从60岁一直到生命的终结，老化是一个动态的、渐进发展的过程，老年人的空间需求也是变化的，逐渐增强功能的多样性与包容性转变为增强功能的协助性，社区适老公共空间环境须对老年人全生命周期的活动与需求做出回应，应具有一定的适应性与共享性。

最后，从重庆的地形、现有城市空间的特点等条件来看，地形复杂、可建用地有限使得重庆城市空间具有多功能混合发展的特点，对社区适老公共空间环境而言也应如此，强调多功能混合、增强功能的集中，有助于避免用地不足和地形坡度大的影响，尽可能避免老年人步行距离过远的问题。此外，从重庆的经济状况和收入水平看，居民收入较低，经济投入有限，社区适老公共空间环境在日常运营上，与依靠消费进行运作的市场化模式完全不同，强调多功能发展在某种程度上能够尽可能降低运营成本，促进社区适老公共空间环境的良性发展。

2. 增强功能的协助性与包容性

从老化的发展过程看，老化是一个动态发展的过程，不同老化程度、健康状况、生活状态的老年人所需的功能有一定差异，社区适老公共空间环境的功能应该是多功能混合的，以满足不同状况老年人的需求。由于中低老化程度老年人的社会融入度高、身体健康状况好、生活方式多样，其空间需求可用"多样性"和"包容性"来概括，而高老化程度的老年人、残疾老人、体弱及患病老人则由于健康、社会融入度变差等，其空间需求可用"协助性"来概括，即能够支持他们日常活动的展开并激发更多的日常活动，使之生活更为便利。因此，为满足多样化、代表性老年群体的需求，社区适老公共空间环境的功能应具有包容性和协助性的特征。

3. 促进功能的精细化发展

由于重庆老年人的人口构成较为复杂，老年人的空间需求及日常活动虽然在大的功能类型上具有一致性，但对之进行细分往往又存在一定差异。例如，虽然高龄老人和携孙老人、空巢老人均关注交往功能，但高龄老人关注的重点是希望促进代际交往，携孙老人希望老幼共用，空巢老人则希望能够适宜小群体交往而不受打扰；而在康体康复功能上，健康的高龄老人希望有延缓衰老的、有针对性训练的活动场所，而残疾老人、患病及体弱老人则更希望有康复训练的功能以避免疾病或残疾的恶化。因此，从微观上看，重庆城市社区适老公共空间环境的功能还应精细化发展以增强其适应性与共享性，使之尽量满足有差异性、多样性、代表性、兼容性的老年人使用，并尽量兼顾有类似特点的非老年群体所共享。

（三）适老公共空间环境形态的宜居性

重庆老年人对社区公共空间环境的舒适性、安全性、便利性、适用性等内容较为关注，同时希望协助其日常活动的正常进行，并激发更多的活动产生。这些特征，虽然可以用"协助性"来概括，但本质上则体现着对公共空间环境"宜居性"的需求。从重庆的地域条件看，地形、气候等自然因素使得重庆社区适老公共空间环境在安全防护、防雨防跌倒、步行可达性、雨季及夏季使用等方面尚存在不尽如人意之处。这些特点也可以归纳为与"宜居性"相关的内容。

第一，形成室内外联合的空间系统，满足全季节、全时段使用。从重庆的气候特点看，虽然夏热冬暖、日落时间晚的气候气象特征导致重庆老年人的日常活动具有全季节和全时性的特点，但夏季炎热与冬季绵延的雨季则使得重庆老年人的户外活动受到影响。从重庆老年人的空间需求出发，对增加社区中的活动室等室内活动场所、增加遮棚等灰空间有较高的需求，因此社区适老公共空间环境还应形成室内外联合的空间系统，以满足重庆老年人的全季节与全时段使用。

第二，安全性，重庆老年人较为关注空间环境的治安及安全感、安全防护和交通安全等内容。一方面这与老年阶段心理老化的状况有关，另一方面则与重庆的自然条件有较大联系。从地形上看，作为典型的山地城市，重庆具有台地多、台阶多、急弯多的特点，这使得人行道容易因地形而中断或变得狭窄，也会导致扶手、护栏等安全防护设施成为设计中的薄弱环节，老年人对空间环境的需求很大程度与此相关；地形的复杂又使得重庆的空间组织方式受到护坡等因素的影响，广场、街道的沿街面往往容易因护坡或山体的存在而中断，容易造成不安全感，甚至存在安全隐患；多雨的气候使得重庆道路湿滑，容易存在安全隐患；高速发展的城市建设形成的宽阔马路、大量过街天桥和地道，又使得重庆存在着交通安全等问题。

第三，适用性、舒适性与便利性。对社区适老公共空间环境而言，首先应具有适用性，满足老年人的日常需求。调查显示，老年人对厕所座椅等户外基本设施的配置较为关注；而舒适性和便利性同样也应成为社区适老公共空间环境设计的重点，对重庆而言，气候特点、拥挤的城市环境、较大的地形高差，成为塑造舒适、美观公共空间环境的障碍，而地形高差往往给社区适老公共空间环境的便利性带来一定的困难，老年人对步行系统的连贯性、可达性较为关注，体现了重庆老年人对便利性和舒适性的关注。空间环境的适用性、舒适性和便利性有助于激发老年人更多活动的产生，从而改善其健康状况和生活质量。因此，重庆城市社区适老公共空间环境应具备适用性、舒适性与便利性以增强适老的"适应性"与"共享性"。

（四）适老公共空间环境运营的经济性与互动性

由于重庆地处内陆、开放程度较低且时间较晚，居民的观念较为保守，经济发展水平低，建设投入有限，居民收入有限，与沿海经济发达地区还存在着较大差距。重庆老年人对社区公共空间环境的使用价格较为敏感，对居委会等政府机构的信任度要高于对市场化专业管理机构的信任度，希望能够由居委会介入，及时反馈自己的意愿以促进社区公共空间环境良性发展。这些特征使得在上海、北京等经济文化发达地区适用的空间环境发展经验未必适合重庆，重庆城市社区适老公共空间环境在空间的建设、管理与运营上，应具有经济性的特点，尽量降低投入与使用成本，还应设置相应的居民参与机制，促进社区适老公共空间环境与使用者的日常活动与空间需求具有互动关系，形成良性发展态势。

第三节　城市公共空间适老化步行空间建设

一、老年人步行活动

（一）老年人步行行为的需求特征与行为类型

基于人与环境匹配理论，行为活动的发生动机来自对个体需求的满足。因此，老年人的人群特征会直接影响其出行行为模式。结合马斯洛需求层次理论模型从生理至精神的需求层级思想，从心理、行为及生理三方面形成老年人需求层次模型，并归纳与其相匹配的步行出行需求特征，作为构建老年人步行生活圈的依据。伴随老年人年龄的增长，其身体机能呈现出衰退趋势，对外部环境的适应能力减弱，须借助社会环境资源与无障碍设施重新达到个体与环境的平衡，表现出一定的生理需求。与此同时，由于老年人个体社会家庭地位及身边环境的变化，由以工作为主的快节奏独立型模式转变为居家自主的慢生活依赖型模式，其日常行为与心理活动也相应呈现出区别于其他年龄段人群的特征，而这些表现与转变也影响了老年人的步行圈层与出行规律。

老年人日常步行活动具有一定规律性，可分为协助家务型、独立生活型及半自理介助型三类日常步行生活类型。协助家务型及独立生活型老年人步行能力较强，日常步行活动类型及距离分布较为一致，步行活动主要包括采购交易、休闲游憩及需要较长步行时间的个人事务办理及健身娱乐，其中协助家务型老年人还会帮助子女照看孙辈，负责孩童的接送。而半自理介助型老人受身体能力限制，日常步行活动范围仅限于宅院及邻近的街道场所，活动类型主要包括在邻近场所进行的休闲游憩及交易活动。

总体来说，由于身体机能及家庭地位的不同，老年人步行活动虽存在差异，但整体表现为以自发性的休闲健身与必要性的购物及事务办理为主的自主型生活模式，其活动的产生需要依托相应的场所设施，活动模式受公共空间影响，对空间的依赖性较强。

（二）老年人步行活动的分布特征与空间需求

结合老年人日常步行活动类型，选取小区游园、菜场、便利店、幼儿园、小学、诊所、社区文化中心、大型超市及银行作为老年人步行生活主要涉及的活动点，老年人步行活动点及其与家的距离之间有比较明显的关联性特征，可以将步行活动点与参与活动的步行距离归纳为三个圈层，同时在不同的活动分布圈层中，老年人的步行空间需求也有一定的侧重与差异：距家 300m 范围内，老年人以邻域性活动为主，多数老年人认为步行空间应能提供环境优美、高品质、无障碍的步行环境；300 ～ 500m 范围内，老年人有比较固定的步行路径和较高的步行频率，主要关注的是整个步行过程的步行体验，对步行舒适性及安全性有较高需求；500 ～ 800m 范围内，老人进行远距离低频率活动，多数老年人对提升路径的便捷程度提出需求，并希望创造易识别、可停驻的步行空间。

（三）老年人步行生活圈建构

老年人步行活动类型与参与活动的步行距离关联性特征及老年人步行空间需求为基本依据，划定 5 分钟、10 分钟及 15 分钟老年人步行生活圈，步行距离依次为 300m、500m 及 800m。伴随步行活动圈层的扩大，其步行活动类型由休闲健身等日常自发性活动转变为就医、个人事务办理等非日常性必要活动，其步行活动空间也由较为私密的宅域范围转变为完全公共的城市街道及服务设施。同时，随着步行距离的增加，其空间需求也从微观的空间环境感知向宏观抽象的路径组织与形态布局转变。对于住区适老化步行空间体系的构建，在以老年人步行生活圈作为圈层界面的同时，需要对其表现出的圈层过渡性特征进行适配。

二、住区适老化步行空间体系

（一）住区适老化步行空间体系的构成要素

住区步行空间是由众多空间类型组成的复杂系统，将其解构为与"活动点、轨迹、圈层"生活圈概念要素相对应的"点、线、面"空间要素：

第一，在住区适老化步行空间体系中，点要素是老年人进行步行活动的吸引源和起讫点，是老年人生活事件发生的触媒点，可概括为承载多种功能的各类步行节点，包括居住街坊及各级服务中心等。这些步行节点在功能和规模上具有明显的层级特征，层级越高的点要素在具有更强公共性的同时能够汇集更多的步行人流与功能，其规模层级与相联结的道路层级也具有一定的适配性，在微观层面构成人们对步行空间的感知与体验。

第二，线要素是联系不同步行节点和单元的纽带，构成步行体系的基本网络与主体骨架形态，主要是指住区内各级步行路径及其交织而成的网络，包括居住街坊间联系道路、各级居住区间联系道路、城市干路等，在开放程度、路网密度、道路宽度及交通流量上呈现一定的层级特征。

第三，面要素是指以老年人步行生活圈为理论依托所形成的圈层界面，在区域层面通过集合点状要素与线性要素形成步行空间体系的整合界面。与此同时，住区步行空间体系中的"点、线、面"要素，即在由"5 分钟步行生活圈—10 分钟步行生活圈—15 分钟步行生活圈"构成的生活圈体系中呈现出不同的空间特征，并从私密与半私密的自发性向半公共与公共的必要性逐级过渡。

系统的整体性由组成系统的各要素之间的必然联系及其表现方式综合作用产生。基于住区步行空间构成要素及其相互关系的剖析，结合既有老年人步行生活圈系统及其圈层过渡性特征，强化住区步行空间系统与其他功能中心及交通组织的平行联结，促使住区各生活圈层相互"叠加"与"共生"，形成多元复合的空间体系，揭示适老化的空间要素联结机制。以住区适老化步行空间体系中的"点、线、面"要素集群为基础，将住区步行空间结构分为树枝式、鱼骨式与棋盘式三种，通过对其步行空间元素的提取与分类，界定相应住区的适老化点、线、面步行空间要素，拟合构成要素形成几何化拓扑结构，并以适老化的空间要素联结机制进行拓扑形态的结构优化，分类构建住区适老化步行空间体系框架。其中，住区"5分钟步行生活圈—10分钟步行生活圈—15分钟步行生活圈"的空间构成与侧重点均不同：

第一，5分钟步行生活圈以半公共生活空间为主，主要涵盖居住街坊及周边生活街道空间，形成最基本的步行生活场所。圈层内步行空间优先考虑以生活功能为主且高密度分布的街坊间道路，形成住区步行空间的"毛细血管"，作为空间体系的基本网络。

第二，10分钟步行生活圈圈层内涵盖住区级服务中心及多个居住街坊，形成具有住区级服务功能的公共生活空间，由具备一定公共性及机动车通行功能的居住区间联系道路构成更高层级的道路网络，并于服务中心形成步行集中点，主要人行节点与公共空间及公交站点高度结合，同时还应考虑形成住区层级的景观丰富、完整闭合的慢行步道。

第三，15分钟步行生活圈能够提供老年人需求频率较低的高层级公共服务，并更多地聚焦于住区与城市的有机联系，服务水平较高的城市片区级服务中心与城市快速路及包括城市轨道交通站点在内的大运量公共交通站点高度整合，形成多层次立体化的TOD模式空间，实现步行与公共交通的高效率换乘。

（二）住区适老化步行空间体系规划设计

空间的场所性来自使用者在空间内的精神体验及产生的空间联想。要使住区步行空间吸引老年人，成为生活事件的发生场所，应考虑老年人步行行为及由此产生的空间需求如何与空间体系合理适配。在住区适老化步行空间体系构建的基础上，依据"5分钟步行生活圈—10分钟步行生活圈—15分钟步行生活圈"体系的需求特征，从点、线、面要素集群中逐级优化适老化步行空间，提升住区步行生活品质。具体可从以下三方面进行精细化治理与规划设计：

第一，5分钟步行生活圈——营建健康愉悦的场所环境。5分钟步行生活圈层内，老年人以依托步行方式的休闲游憩活动为主，对步行空间的环境品质有较高要求。优美的自然环境对老年人身心健康非常有益，而老年人特有的归属感这一心理特征使其对旧住区既有空间符号和传统文化有更强的认同感，因此步行空间的设计需要考虑满足空间的观赏性和文化性。同时，身体较弱的老年人户外活动范围限于5分钟步行生活圈内，考虑到这类老年人的空间需求，步行路径应当与住宅和活动场所有比较好的步行联系性，步行路径及空间类型也应当丰富多样，满足不同身体状况老年人的步行需求选择。

第二，10分钟步行生活圈——强化安全舒适的步行体验。在10分钟步行生活圈内，老年人的步行活动有较强的规律性与目的性，对于道路的使用频率较高，须从提升道路的步行质量和体验来满足这一圈层内老年人的需求。首先，应通过步行道路适宜性设计满足老年人步行的舒适性，也应当考虑创造连续的人行空间提升老年人的步行体验和活动效率；其次，老人买菜或接送孩童的活动都在10分钟步行生活圈内实现，而在这一步行距离内一般要跨越机动车道，须关注步行的安全性。考虑到老年人日常活动链，提升活动链所涵盖空间场所间的步行联系也对优化老年人的步行体验有重要作用。

第三，15分钟步行生活圈——创造高效便捷的空间组织。在15分钟步行生活圈内，老年人以目的性较强的活动类型为主，由于15分钟步行生活圈老年人到达目的地的步行时间和路径较长，需要从住区的空间系统组织层面去考虑实现适老性目的。可以从住区整体布局优化层面通过控制街区尺度、提高路网密度等方式提升步行路网效率，实现道路的便捷可达；考虑到因老年人身体机能下降而衍生的远距离步行过程中的休憩需求，需要进行与步行路径相联系的休憩空间的配置；对于老年人因空间感知力下降而产生的空间易识别需求，应当避免住区空间过于均质，尤其是在棋盘式结构的新建住区，不同功能、圈层的空间应在规模、界面等方面有所差异，空间层次明确、导向性强，路径组织清晰、直观，具有较好的可识别性；同时，一些老年人使用频率较低但不可或缺的服务设施应当考虑复合配置，并结合步行路径与绿道、公园及公共交通站点等协调布局，使老年人一次远距离出行可以高效率完成多项活动，实现功能的集约与效率的提升。

（三）住区适老化步行空间体系实施策略与机制

1. 层级推进的开发思路

空间系统化思维旨在将研究对象剥离为多个层次的同时，不破坏个体间的联系性，从而进行有针对性的研究。在具体的设计与决策过程中，系统化、分层级的思路应当贯穿始终，住区适老化步行空间体系空间圈层对应实施中的不同层次，15分钟步行生活圈主要从住区空间的整体组织效率出发，需要从片区控制性详细规划及城市设计层面进行落实，包括划定支路及以上等级道路的步行层级，按一定距离配置绿地及开放空间，以及控制街区的空间尺度规模在适老化范畴之内等。10分钟与5分钟步行生活圈分别关注老年人的步行体验和空间品质，主要涉及地块与街道的具体设计，结合目前土地开发模式，具体实施时更多由地产开发商作为主导分地块开发，其结果往往是地块内高度统一，而地块间相互隔绝，对适老化步行空间的系统化产生较大的阻碍。

为实现整体空间的系统化设计，可以考虑引入日本"总建筑师"制的基本思想，总建筑师根据上位控制性详细规划从片区宏观调控层面给出考虑到适老化需求的层级化设计导则，并在片区开发过程中全程参与；在导则指引下，地块建筑师与景观建筑师在各开发阶段结合居民和开发商的意向，从建筑、景观、场地等方面做出具体的设计或改造方案，在保障整体空间协调连续的同时又能够满足不同利益方的多样化意向，并实现不同分期实施阶段的延续性。

2. 动态协同的运行维护

住区适老化步行空间体系的实际规划落实与运作维护需要有相关机制进行配合，才能可持续地产生实际空间价值。首先，应制定合理的管理模式对空间运作进行保障，在10分钟步行生活圈内，多为半公共性质的步行空间，空间权属界定不明，易产生矛盾，可采用居民自治组织及制定章程规范等方式加强管理。其次，对于项目实施，可考虑采用多方投资的运作模式，具体措施包括政府通过奖励地块容积率促使开发商在地块内提供更优质的适老化步行空间、出让空间附属经营设施的使用权等方式，既保障空间建设，又能够明确空间权属，利于管理维护。最后，还应当建立有效的评价与反馈机制，可形成责任规划师制度，对包括步行空间在内的社区空间进行阶段性调研评估更新，实现动态可持续的规划过程。

3. 公众参与的协调过程

住区适老化步行空间体系的建立依据具有普适性的一般规律，而由于地域、文化、利益主体等差异的客观存在，具体实施时必须因地制宜，而以老年人为主的公众全过程动态参与就是最直接的途径，具体策略包括建立居民自治委员会，形成由开发商、政府共同构成的协商平台及建立居民—设计师的互动设计团体等。老年人的全过程参与不仅限于设计决策阶段，空间的实际使用才是空间设计的最终目的，街道生活的主体是老年人，而既定的空间限制了选择的机会，势必会降低空间参与的热情，因此还有必要采用减法思想，预留定弹性或空白空间使老年人能够实现自发性的空间利用，从而直接参与到空间营造中，创造更有活力且富有生活气息的步行空间。

参考文献

[1]唐静菡.中外"公共艺术"的起源、发展类型比较研究[J].美术观察,2022(06):89-94.

[2]马书文.城市公共空间设计探析[J].城市建筑,2021,18(07):145-147+156.

[3]白江艺.城市公共空间雕塑互动性研究[J].天工,2022(11):38-40.

[4]童灿,黄智宇.城市地铁车站环境艺术设计要点探讨[J].艺术与设计(理论),2010,2(08):136-138.

[5]赵鹏.环境艺术设计的历史发展与设计原则[J].环境工程,2021,39(12):284-285.

[6]石礼安.上海地铁从艰难起步到快速发展[J].城市轨道交通研究,2022,25(03):221-227.

[7]童林旭.在新的技术革命中开发地下空间——美国明尼苏达大学土木与矿物工程系新建地下系馆评介[J].地下空间,1985(01):10-16.

[8]杜健翔.城市公共空间人性化尺度思考探究[J].城市建筑空间,2022,29(02):181-184.

[9]谢婉月,董丽,郝培尧等.城市公共空间——街景设计中的植物景观[J].景观设计,2021(06):118-121.

[10]吴国欣,李文杰.城市导识系统战略新论[J].同济大学学报(社会科学版),2015,26(05):53-58.

[11]阿尔番•肖开提,蓝毕玮.城市标识系统发展方向研究——以河南省兰考县为例[J].智能建筑与智慧城市,2022(02):54-56.

[12]王祝根.城市公共空间系统协同规划研究——以墨尔本为例[J].江苏建筑,2018(03):12-18.

[13]春燕.聚焦城市公共空间建设的新城市形态建设——国际城市建设管理发展新趋势[J].城市发展研究,2015,22(02):58-63.

[14]史景瑶.新时代背景下既有住区适老化改造研究[J].住宅产业,2022(06):32-35+50.

[15]柏春,晁中豪.基于代际共享理念的老旧住区户外公共空间适老化更新设计策略研究——以上海锦泰苑为例[J].华中建筑,2022,40(06):40-45.

[16]庄佳.城市公共空间设计的发展趋势研究[J].南京艺术学院学报(美术与设计版),2022(4):194-199.

[17]郭敏敏.谈城市公共设施设计[J].设计艺术,2008(6):51-52.

[18]田瑶.浅谈人性化在城市公共设施设计中的重要性[J].福建质量管理,2017(21):248.

[19]王善奎.城市公共设施设计[J].科教文汇,2008(22):264-264.

[20]任嘉利.城市公共设施设计研究[J].包装工程,2021,42(10):300-302,308.

[21]杨晓军.城市公共设施设计探析[J].中小企业管理与科技,2011(12):191.

[22]万指月,韩鹏.基于城市文化的城市公共设施设计[J].设计,2020,33(6):155-157.

[23]李超，李稳.城市公共设施设计的思考[J].郑州航空工业管理学院学报（社会科学版），2007，26（5）：194-195.

[24]张德智.城市公共设施设计元素研究[J].现代交际，2016（6）：100.

[25]赵英骏.城市的立体化开发——城市地下空间设计形态的研究[D].安徽：合肥工业大学，2007.

[26]韩岗，冷嘉伟.城市地下空间发展演变及规划设计思路研究[J].建筑与文化，2021（4）：156-158.

[27]孙巍，时铭.城市地下空间规划与设计探讨[J].建筑工程技术与设计，2018（29）：26.

[28]朱琳.城市社区地下空间的人性化设计研究[J].现代园艺，2022，45（9）：155-156.

[29]郭娟，钟畅.城市导识系统设计方法与数字化展示的思考[J].大众科技，2009（6）：90-91.

[30]佗卫涛.城市公共交通导向识别系统设计要素分析[J].美与时代·城市，2013（8）：46-46，47.

[31]张莉娜.城市街道标识导向系统设计分析[J].包装工程，2011，32（4）：8-10，14.

[32]李鸿明，何凤梅.基于城市形象的视觉导识系统设计探析[J].设计，2012（2）：166-167.

[33]梁雅明.城市标识导向系统设计中的创意[J].包装工程，2012，33（6）：8-11.

[34]郭大松，李军，脱斌锋.城市公共空间建设的问题分析与策略探讨[J].城市建筑，2021，18（21）：7-9.

[35]王鹏.我国城市公共空间的系统化研究[D].北京：清华大学，2000.